FROM
ZERO TO HERO   China's Transition on Climate Change Communication and Governance

中国路径

双层博弈视角下的气候传播与治理

王彬彬 著

社会科学文献出版社

SOCIAL SCIENCES ACADEMIC PRESS (CHINA)

本书献给多年来一起推动和参与中国多元气候治理的各位同仁。

从 2009 年到今天，中国在气候治理议题上实践了一条双层次社会共治的创新之路，希望本书可以让更多人看清这条路径，看见希望，看见信念，看见可能。

王彬彬

北京大学国际组织研究中心研究员

北京大学国际关系学院博士后

研究方向为国际组织与全球气候治理、气候传播与公众参与、合作伙伴关系等，在中英文核心期刊发表论文 20 余篇，独著一部，合编两部。

王彬彬博士致力于推动可持续发展，拥有丰富的国际组织管理经验。从 2009 年起跟进联合国气候变化大会，在气候公正与适应、绿色金融、低碳发展、可持续消费等方向带领团队做出许多创新性工作，设计主持的陕西宇家山村低碳适应与扶贫综合试点获选 2015 年"改变先锋——全球发展中国家低碳可持续发展优秀案例"。因在领域内的突出贡献，《巴黎协定》通过后，王彬彬博士受邀作为发言人参加国务院新闻办公室举办的媒体见面会，分享中国多元气候治理经验。

作为中国自主培养的第一位气候传播方向博士，王彬彬博士于 2010 年联合发起发展中国家第一家聚焦气候传播的独立智库——中国气候传播项目中心，主持设计的公众气候认知调研数据被写入国家应对气候变化白皮书，并被联合国气候变化框架公约秘书处官方转引。

王彬彬博士的创新精神和专业能力亦得到国际同仁认可，兼任联合国南南气候合作孵化器特别顾问，是联合国开发计划署全球媒体气候故事培训计划的评审、美国前副总统戈尔先生发起的全球气候领袖培训营首位中国女性导师、"家园归航"全球女性科学家南极考察计划 2019 届成员。

本书受国家自然基金委应急管理项目
"美国退出《巴黎气候变化协议》决定对全球
气候治理结构和制度的影响评估"资助
（项目号：71741011）

序　一

杜祥琬

　　气候变化是一个全球性的重大环境问题，也是一个非传统的安全问题。对这个问题的认识已经历了约两百年的发展过程。在此过程中，人们的认识逐步地提高和进步，总的趋势是：现代气候变化科学的形成是一个从理论到实证，再逐步地成熟和加深的过程，人们的认识也有了越来越多的共识。但是，对这个问题认识的差别仍然存在，也还有一些质疑，甚至认为它是阴谋和陷阱。这也说明了气候变化传播的必要性和重要意义，气候变化科学需要更好地和更广地传播，需要多费口舌，不仅对公众，也包括对决策者，甚至一些有影响的大人物。而传播的目的在于：首先，是进一步提升对人类共同面对的气候问题的观念，观念和认识的变化是行动的前提，要认识到气候变化的科学性并凝聚共识；其次，是应对气候变化的重要性，它事关人类的共同利益，影响着国家乃至人类的发展方式的转变；最后，是为了在此基础上，进一步推动应对气候变化的共同行动，引导人类走绿色、低碳、可持续的发展道路，引导全人类由工业文明迈向生态文明。

　　气候变化的全球治理需要全人类的共同行动，需要各国、各民族共同来做，合作共赢是做好这件事的基本指导思想，呼吁全球共享应对气候变化和可持续发展的成果和经验。此外，还有一个重要的理念就是全球命运共同体，全球应对气候变化是大趋势和大方向，这是人类命运共同体可持续发展本身的需求。

中国在其中担负着重要的角色，一方面，这是中国可持续发展的内在需求，中国改善自身环境质量与应对气候变化有很强的协同性，与建设美丽中国、实现中国梦高度一致；另一方面，中国其实是后来者，但作为一个负责任的大国，理应为人类的可持续发展做出更多贡献，应对气候变化是中国对全世界做出的郑重承诺。中国认识到，"应对气候变化不是谁要我做，而是我自己要做"。这就明确了一个非常积极务实的态度。同时在国际舞台上，中国将与世界各国一道，高举"气候正义""合作共赢"的大旗，与各国携手引领应对气候变化的正确方向，走绿色低碳的发展道路，并做建立国际新秩序的贡献者、推动者、建设者、促进者，为全球命运共同体的可持续发展做出不懈的努力！世界上国与国之间，实际上并不存在领导者与被领导者的关系，我认为比较现实的是多国共同携手引领一个正确的方向。

在气候变化全球治理的过程中，从哥本哈根到巴黎，是一段非常重要的具有历史意义的阶段。在这个阶段中通过各国的努力，最终达成的《巴黎协定》是气候变化全球治理的里程碑，是人类理智的、体现"人类命运共同体"思想的重大成果。这充分说明，尽管世界上充满差异和矛盾，甚至冲突，但共生在一个星球上的人们毕竟有着现实的和潜在的共同利益，人类的命运确实是共同体，这个共同体需要建立一个新的秩序，在国际范围内创新一种机制，要共建、共治、共享。

本书的作者王彬彬博士亲历了这个过程，她也是气候变化传播领域一位热心的青年学者，我很高兴看到她这么多年来一直坚持在气候变化领域的创新研究与实践，做了很多有益的工作。2013 年，她来到我的办公室访谈低碳转型路径，之后有了她主持设计的中国城市公众低碳认知调研。2016 年年中，我来北京大学参加"全球气候治理：新形势、新挑战、新思路"研讨会，王彬彬博士告诉我她计划从合作治理的角度把她见证的从哥本哈根到巴黎的中国变化写出来，我觉得这是一个很有价值的方向，鼓励她认真推进。2017 年 10 月，王彬彬博士主持的中国公众气候变化与气候传播认知状况调研在北京发布，我应邀为调研报告写过一篇序言。时隔半年，她完成了又一个心愿，出版了这本新作。这本书中所讲的故事，可以让我们一起回顾走过的路，并站在理论高度去反思，去展望。可以说，这是她继 2017 年发布的公众调研之后为气候变化领域的同仁们呈上的又一份礼物。

期待更多读者能从书中受益。

是为序。

杜祥琬

中国工程院院士

国家应对气候变化专家委员会名誉主任

2018 年 3 月 20 日

序 二

郑保卫

当前，气候变化对自然环境和人类社会造成的不可逆转的严重破坏，是人类生存与发展面临的最大威胁。要改变这种状况，就需要实行"全球共治"，对此，世界上大多数国家都已形成共识。2015年在巴黎举行的第21届联合国气候大会上通过的《巴黎协定》，就是国际社会决心共同应对气候变化的正式宣示。

携手应对气候变化是国际社会的共同目标，中国作为一个负责任的大国应该在这方面发挥更多作用，做出更大贡献。正如习近平主席所强调的，我们要做好"参与者、贡献者、引领者"。

应对气候变化，事关国家、民族、社会和每个社会成员的利益。全社会共同参与，是应对气候变化的必然选择。而要有效应对气候变化，特别是要使其成为社会共识，则要动员全民共同参与。这些年我们一直在倡导，要建构包括政府、媒体、NGO、企业、公众在内的应对气候变化和开展气候传播的"五位一体"的行为主体行动框架，因为唯有"五位一体"中各位成员都积极行动起来，大家齐心协力，才能使得应对气候变化和开展气候传播真正成为社会共识与全民行动。

我们所说的"气候传播"，是指将气候变化信息及其相关科学知识为社会及公众所理解和掌握，并通过公众态度和行为的改变，开展以寻求气候变化问题解决为目标的社会传播活动。简单地说，气候传播是一种有关气候变化信息与知识的社会传播活动，它以寻求气候变化问题的解决为行动目标。

气候传播研究主要应该解决以下问题：什么是气候传播；气候传播与气候变化的关系；气候传播的行为主体与角色定位；气候传播的国家战略与行动策略；气候传播的社会推广与公众参与；气候传播的国际交流与合作；气候传播的技能与技巧。

气候传播研究需要对气候传播现象进行理论概括和系统阐释；需要对气候传播实践经验进行总结和推广；需要对节能减排和环境保护对于国家及人类经济社会发展的意义进行阐释；需要为政府、媒体、企业和NGO开展气候传播做好理论咨询，提供学术支持等。

2010年4月，在各方支持下，我们成立了发展中国家第一个气候传播研究机构——中国气候传播项目中心。通过几年的努力，项目中心不断丰富研究内容，拓展研究方法，扩大研究成果，赢得了国内外学界及相关部门的关注和认可，吸引了大批媒体，引起广泛报道。

自2010年成立至今，项目中心采取国际国内"两路并进，双向使力"的原则，完成了一系列项目研究和社会推广工作。

参加联合国气候大会并主办气候传播边会

自2010年以来，我们先后参加了坎昆、德班、多哈、华沙、利马、巴黎、马拉喀什、波恩的历届联合国气候变化大会，2012年还参加了"里约＋20"联合国可持续发展大会，较为完整地经历了中国参与全球气候治理进程的关键阶段。

同时，自中国政府在联合国气候大会设立"中国角"以来，我们举办了多场"气候传播与公众参与"的主题边会，搭建学术平台，让国内外学者、官员、媒体机构和民间组织人士交流研究心得，展示研究成果，表达立场观点，在国内外形成了一定影响力，得到了气候变化领域许多朋友的认可和肯定，也获得了一些奖项。

举办气候传播国内和国际学术会议

这些年我们举办了多次气候传播学术会议和国际会议。例如 2010 年我们举办了"气候·传播·互动·共赢——后哥本哈根时代政府、媒体、NGO 的角色及影响力研讨会"。这是我们中心成立以来组织的首次学术研讨会，邀请国内外学者、媒体和 NGO 人士，以及政府机构的代表，共同总结 2009 年哥本哈根联合国气候大会期间，政府、媒体和 NGO 组织在运用传播方面的经验和问题，从学术研究的角度提出建议和意见。正是在这次研讨会上，我们提出了"气候传播"的概念，开启了我国气候传播理论研究的进程。

2013 年我们与耶鲁大学气候传播项目中心合作共同主办了"2013 气候传播国际会议"。这不但是世界上第一次，也是迄今为止规模最大、最具影响力的气候传播国际会议。与会者在如何应对气候变化，如何做好气候传播方面形成了许多共识，为进一步推动气候传播理论研究和社会推广起到了一定的引领作用。

2016 年，我们又举办了"绿色发展与气候传播研讨会"，探讨如何做好气候传播，促进绿色发展。

开展中国公众气候变化与气候 传播认知状况调查

为了准确了解公众对气候变化和气候传播的认知状况，以便更有针对性地做好气候变化信息传播、知识普及和社会动员工作，2012 年，"十二五"期间，我们开展了首次"中国公众气候变化与气候传播认知状况调查"，调查结果被收录国家应对气候变化白皮书，联合国气候变化框架公约秘书处时任执行秘书长 Christiana Figueres 引用我们的数据并肯定了中国的贡献。

2013 年，我们配合国家首次"低碳日"活动开展了"中国城市公众低碳意识及行为调查"，并在钓鱼台国宾馆发布了调研结果。

2017 年，"十三五"期间，我们进行了第二次"中国公众气候变化与气候传播认知状况调查"，这次调查的结果再次被收录国家应对气候变化白皮书。我们在北京和德国波恩的联合国气候大会现场分别召开了中英文发布会，联合国气候变化框架公约秘书处现任执行秘书长 Patricia Espinosa 高度评价了我们的报告，并派出新闻发言人 Nick Nuttall 先生参加了我们的英文报告发布会。调查结果显示，96.8% 的受访者支持中国政府开展应对气候变化国际合作。联合国秘书长南南合作特使 Jorge Chediek 先生现场点评我们的报告"为世界带来了好消息"。

开展应对气候变化社会推广活动

2012 年，我们按照将气候传播研究"内在化"的思路，将工作的重点转向社会发动与推广领域，举办了"气候变化与气候传播进社区、进校园、进企业、进农村活动"，同时倡导"五位一体"的气候传播行为主体框架，推动社会公众积极参与。

我们还与其他高校合作推动气候变化和气候传播的行动推广工作。目前，中国传媒大学、河南新乡学院、青岛大学、中南民族大学、广西大学等高校都已建立，或正在组建气候传播研究机构，开展气候传播研究和社会推广工作。我们希望参与气候传播理论研究和社会推广工作的人越多越好，影响越大越好。

发表论文和出版专著

在实践的同时，我们也积极开展理论研究。除了在核心期刊发表相关主题论文之外，2011 年底，我们出版了《气候传播理论与实践研究》一书，这是中国第一本研究气候传播的专著，在当年的德班联合国气候大会上，我们发行的中英文对照版得到了国内外与会专家的好评。

2014 年，我们受"中欧论坛"的委托，主持起草了《中欧社会应对气候变化共识文本》，为将于 2015 年在巴黎召开的联合国气候大会传递了来自中欧民间的声音。

2015 年我们又出版了《论气候变化与气候传播》，并且翻译出版了哥伦比亚大学学者编著的《气候传播心理学》。

2017 年，我们最新出版了《绿色发展与气候传播》一书，介绍国内外学者在气候传播研究方面的最新进展。

近些年来，我们努力凝聚各方力量，力图形成研究合力，并通过人才培养、队伍建设等方式不断壮大队伍，提高研究水平，扩大学术影响，希望气候传播能够在中国真正形成气候。

很高兴看到王彬彬的新书《中国路径：双层博弈视角下的气候传播与治理》即将出版。王彬彬是我第一个定向招收的气候传播方向博士生，也应该是我们国家自主培养出的第一位气候传播方向博士。她以强烈的使命感和内驱力开展跨学科研究，而《中国路径：双层博弈视角下的气候传播与治理》一书，就是她多年来所积累的成果。在此书中，她界定了气候传播与气候治理的逻辑关系，明确了气候传播的战略意义，并且结合自己多年的一线观察从多元合作的角度总结了中国参与气候治理的路径。

习近平主席在 2016 年哲学社会科学工作座谈会上的讲话中谈到要加强哲学社会科学建设时指出，我们不仅要让世界知道"舌尖上的中国"，还要让世界知道"学术中的中国""理论中的中国""哲学社会科学中的中国"，让世界知道"发展中的中国""开放中的中国""为人类文明做贡献的中国"。

我相信王彬彬的新作，能让读者看到"全球气候治理中的中国"所提供的路径和经验，能激发读者更多地去思考、交流和借鉴，以期共同探讨和提高，共同为气候变化全球治理做出自己的贡献。

是为序。

教育部社会科学委员会语言文学、新闻传播学和艺术学
学部副秘书长兼新闻传播学科召集人
中国人民大学新闻学院教授、博士生导师
中国气候传播项目中心主任
2018 年 3 月 20 日

目 录

第一章　导论 / 1

第一节　研究背景 / 1

第二节　理论依据 / 3

　　一　从治理到全球气候治理 / 3

　　二　双层博弈理论 / 8

第三节　研究方法 / 10

　　一　双层次分析法 / 10

　　二　利益相关者分析 / 10

　　三　追踪分析 / 13

第四节　研究框架与研究价值 / 14

　　一　研究框架 / 14

　　二　研究价值 / 16

第二章　气候变化与气候传播 / 19

第一节　气候变化研究综述 / 19

　　一　气候变化的确定性 / 19

　　二　气候变化的不确定性 / 21

　　三　预防原则 / 23

第二节　气候传播研究综述 / 26

一　气候传播的定义 / 26

二　气候传播与六大应用传播的关系 / 28

三　国际气候传播研究 / 34

四　国内气候传播研究 / 41

第三章　双层博弈：中国气候传播与治理的分析框架 / 49

第一节　中国应对气候变化的双层博弈动因分析 / 49

一　国际问题的国内根源 / 50

二　国内问题的国际根源 / 52

第二节　中国应对气候变化的双层博弈对象分析 / 53

一　国际层面的博弈对象 / 53

二　国内层面的博弈对象 / 55

三　获胜集合在国内层面的适应性修订 / 56

第四章　利益相关者分析（2009～2015年）/ 57

第一节　利益相关者的界定与分类 / 57

一　利益相关者的界定 / 57

二　分类方法 / 58

第二节　国际层面的利益相关者 / 59

一　合法性 / 60

二　权力性 / 61

三　紧急性 / 62

四　相关性 / 62

第三节　国内层面的利益相关者分析 / 64

一　合法性 / 65

二　权力性 / 66

三　紧急性 / 67

　　四　相关性 / 67

　第四节　双层次三大利益相关者：政府、媒体、非政府组织 / 68

第五章　实证研究：三大利益相关者双层次追踪分析

　　　　（2009～2015 年）/ 70

　第一节　中国政府角色及策略转变的追踪研究 / 71

　　一　中国政府在联合国哥本哈根气候大会的角色与策略 / 71

　　二　追踪研究：中国政府的策略转变 / 77

　　三　国内层面的政府策略转变 / 82

　第二节　中国媒体角色及策略转变的追踪研究 / 86

　　一　中国媒体在联合国哥本哈根气候大会的角色及策略 / 86

　　二　追踪研究：媒体的策略转变 / 89

　　三　国内层面的媒体策略转变 / 91

　第三节　非政府组织角色及策略转变的追踪研究 / 95

　　一　非政府组织在联合国哥本哈根气候大会的角色及策略 / 95

　　二　追踪分析：非政府组织的策略转变 / 99

　　三　国内层面的非政府组织策略转变 / 102

第六章　后巴黎时代的中国气候传播与治理 / 109

　第一节　中国气候传播与治理面临的挑战 / 109

　　一　话语权需持续构建 / 109

　　二　国际期待与中国行动 / 111

　　三　最大获胜集合尚未形成 / 112

　第二节　中国气候传播与治理的应对策略 / 113

　　一　从国内到国际：讲述"真实中国"/ 113

　　二　从国际到国内："压力传导"策略 / 115

　　三　跨层次："协同治理"策略 / 117

第七章　全球气候治理"双过渡"新阶段与中国选择 / 125

　第一节　全球气候治理进入"双过渡"阶段 / 126

　　一　气候治理顶层设计中的领导力过渡 / 126

　　二　减排模式过渡 / 130

　第二节　中国在"双过渡"新阶段的机遇和挑战 / 133

　　一　机遇分析 / 134

　　二　挑战分析 / 137

　第三节　中国气候治理与传播的战略选择 / 138

　　一　中国气候治理的战略选择 / 138

　　二　中国气候传播的策略应对 / 141

第八章　结论与展望 / 145

　第一节　主要结论 / 145

　　一　理论层面："双层多维"研究框架构建 / 145

　　二　实践层面：中国路径选择 / 148

　第二节　展望 / 149

　　一　自上而下：机制复合体的改革之路 / 149

　　二　自下而上：本土气候新动力 / 151

参考文献 / 159

　中文文献 / 159

　英文文献 / 173

后　记 / 185

图表目录

图 1 - 1 　利益相关者理论发展的三个阶段／12

图 2 - 1 　2000～2011 年发表于 The Academic Search Premier 和 Scopus 数据库的气候传播英文文献统计（Wibeck，2014：387 - 411）／37

图 2 - 2 　2007～2014 年收录于中国知网期刊全文数据库和万方数字化期刊全文库的气候传播中文文献统计／42

图 6 - 1 　利益相关者动态反馈关系分析（2015 年）／118

图 7 - 1 　新阶段中国参与全球气候治理战略布局设计／140

图 8 - 1 　"双层多维"全景研究框架示意（以 2009～2015 年为例）／147

图 8 - 2 　全球气候治理结构图／150

图 8 - 3 　中美两国公众对各自领导人支持/退出《巴黎协定》的支持度测试／152

图 8 - 4 　中国公众对气候变化进校园的支持度测试／154

图 8 - 5 　"政府—慈善—企业"三方合作 PPP 2.0 模式示意／156

图 8 - 6 　气候传播与治理的理想模式／158

图 8 - 7 　全球气候治理"对流层"／158

表1-1 本书涉及的主要缔约方会议汇总 / 5

表2-1 六类气候传播相关的应用传播方向的对比分析 / 33

表2-2 中国与欧美国家气候传播研究状况对比 / 48

表4-1 中国气候传播与治理在国际谈判中的利益相关者分析 / 64

表4-2 国内层面的利益相关者分析 / 68

表4-3 双层次三大利益相关者分析 / 69

表5-1 三家在双层次跟进中国气候治理进程的国际非政府组织基本信息 / 96

表7-1 关键行为体气候领导力认知趋势（2008~2011年） / 127

表7-2 《巴黎协定》正式生效关键事件 / 128

表7-3 《巴黎协定》与《京都议定书》的执行机制对比 / 133

第一章　导论

第一节　研究背景

在世界格局风云变幻的今天，中国政府明确表示，要充分发挥负责任的大国担当，落实"一带一路"倡议，打造人类命运共同体，积极为全球治理贡献中国方案。

全球治理的中国方案，源于中国经验和中国实践。

作为全球治理的议题之一，全球气候治理进程与中国的参与密切相关。从 2009 年的哥本哈根谈判到 2015 年达成《巴黎协定》，中国用了六年时间，完成了从被动跟随到主动引领的转型，成功建构起在全球气候治理中的国家形象，这是改革开放四十年中国参与全球治理以来第一次，也是最快的一次从国际舞台的边缘走到舞台中央。

什么因素促成了转型？哪些经验可以总结？美国退约后又有哪些新发展和新可能？哪些经验可以为中国参与其他全球治理议题和落实"一带一路"倡议提供参考和借鉴？

这是笔者最希望找到答案的问题。

最近两年，国内学界和政策研究界已经开始对这段气候治理路径进行自觉的学术和现实观照。相关研究包括：对国际气候机制的规则进行引介，分析中国和全球气候治理的关系，对关键政府行为体的气候战略进行比较研究，分析气候谈判催生的特殊机制等。这些研究的数量虽然还不多，但研究者均有较强的专业背景，有的还是政府代表团成员长期跟进治理进程，得以近距离地对国家行为体展开研究，为读者和同行提供了深入了解中国与全球气候治理关系的宝贵窗口。

全球治理强调多元行为体通过集体行动来解决全球共同问题。从2009年的哥本哈根，到2015年的巴黎，对中国来说，是一场攻坚战。这场战斗中不只有国家行为体，还活跃着很多非国家行为体。更为难得的是，不管是在国际还是在国内层面，国家和非国家行为体之间有着越来越多的互动，要梳理中国参与全球气候治理的经验，非国家行为体及其与国家行为体的互动同样值得研究。

笔者从2008年开始从事气候变化与可持续发展相关工作，2009年以国际非政府组织中国代表的身份参加哥本哈根谈判，成为这段进程的亲历者、见证者和观察者。哥本哈根谈判对于中国政府、媒体和非政府组织而言，发挥了"大国成人礼""媒体速成班"和"非政府组织训练营"的作用，启发笔者开始跟踪研究政府、媒体和非政府组织在国际和国内两个层面气候治理中的角色定位及策略转变。

在本书中，笔者基于过去八年的参与式跟踪研究及实践，以双层博弈理论和全球治理为理论依据，建构起"双层多维"的研究空间。

在这个研究空间里，笔者首先对2009～2015年政府、媒体和非政府组织的策略转变及互动进行实证研究。研究发现，这是一条双层次下多元治理的中国路径。多层多元全球治理不是一个遥不可及的理想，自此多了一个中国贡献的例证。

当然，全球治理是动态发展的过程，全球气候治理也不会因为2015年底通过历史性的《巴黎协定》而在皆大欢喜中画上圆满的句号。当全世界还沉浸在《巴黎协定》正式生效的喜悦中，准备加大力度落实承诺的时候，气候变化怀疑论者特朗普当选美国总统，并宣布退出《巴黎协定》。

新的变化为全球气候治理带来新变数。笔者也在"双层多维"空间内结合最近两年的新观察做了一些分析，并展望全球气候治理的未来之路：自上而下的机制复合体改革正在进行，自下而上包括普通公众和企业家在内的更多利益相关者创新先行，为气候治理提供源源不断的新势能。笔者认为，自下而上与自上而下相向而行，终将形成自循环的治理"对流层"。

限于笔者水平，书中的理论架构及阐述仍有不够严谨之处。谨希望本书可以为读者理解中国参与全球气候治理进程及由此折射的国家的发展提供一个不一样的视角。

第二节　理论依据

一　从治理到全球气候治理

随着全球化时代的来临，原有的民族、国家、公司已经不能通过单方面的行动来解决所有问题，治理模式由此出现。相对于传统的统治，治理强调一种由共同目标支持的活动。

治理理论的主要创始人之一罗西瑙（James N. Rosenau）在其代表作《没有政府统治的治理》和《世纪的治理》等文章中，明确提出对治理的定义：治理与政府统治完全不同，治理是由共同目标支持的一系列活动的管理机制，虽然没有得到正式授权，但仍能发挥作用。治理特别强调活动不需要靠国家的力量来完成，其主体也不一定是政府，"既包括政府机制，同时也包括非正式的、非政府的机制"（罗西瑙，1995：5）。

全球治理委员会在1995年发表重要报告《我们的全球之家》指出"治理是各种公共的或私人的个人和机构管理其共同事务的诸多方式的总和"（全球治理委员会，1995：2～3）。传统的管理模式强调控制及对既定的制度规则的遵守。治理更强调过程、协调、跨部门和持续互动。当然，作为一种公共管理过程，治理也需要一定的管理规则和机制。

全球治理指为最大限度地增加共同利益，国际组织、各国政府、非政府组织和公民联手进行的民主协商与合作。通过制定具有约束力的国际规制解决全球性的问题，如环境、人权、移民、毒品等。全球治理的核心是国际规制，国际规制是具有法律责任的制度性安排，用来调节国际关系，规范国际秩序。国际规制的有效性是考察全球治理成效的主要指标。全球治理是在国家、政府间国际组织和国际非政府组织等外部行为体的推动下实现的，通过全球治理可以促使那些游离于国际社会之外的国家遵守全球规范，并将国际规制内化为国家内部的法律法规。

全球治理是冷战结束后国际政治领域最重要的理论之一。冷战虽然结束，但国家间和地区间的冲突仍广泛存在，而且在多极化的发展趋势下还出现了类似气候变化、贫困、恐怖主义等全人类共同面对的挑战。同时，全球化背景下国家之间在政治、经济、文化和科学技术等方面的合作与交流日渐频繁，也需要确立共同遵守的规制和制度来保障共同利益。由此，全球治理顺应历史发展的内在要求而出现，并发挥着积极的作用。前面所述一系列复杂现实问题超出任何单独一方可以独立解决的范畴，在全球治理的框架下，协同治理的理论应运而生，强调政府、非政府组织、企业、公民等应参与到公共管理中，打破以政府为核心的权威，建立共识并开展协调互动。

气候变化是 21 世纪人类社会共同面临的挑战，涉及地缘政治、能源、经济、发展等，是重塑全球政治和发展格局的重要因素之一。应对气候变化需要国际社会的共同行动，因而也成为全球治理议程中的首要议题之一。全球气候治理是指全球范围内各主权国家及非国家行为主体在共同的价值认知基础上开展气候领域的合作，通过制定特定的治理机制来应对气候变化，实现人类可持续发展。

20 世纪 80 年代末，气候变化问题的严峻性引起了国际社会的重视。1988 年由联合国环境署成立的政府间气候变化专门委员会（Intergovernmental Panel on Climate Change，简称 IPCC）是最主要的气候变化科学层面的评估机构，为全球应对气候变化提供科学依据，截至目前已经发布了五次评估报告。

基于评估报告的科学发现，全球气候治理机制逐渐形成。其中，联合国是全球气候治理的主要协调和组织方。《联合国气候变化框架公约》（United Nations Framework Convention on Climate Change，简称UNFCCC、《公约》）和《京都议定书》（Kyoto Protocol，简称KP、《议定书》）是全球气候治理的主要依据。

《联合国气候变化框架公约》签署于1992年5月，在纽约联合国总部获得通过，同年6月在巴西里约热内卢召开的联合国环境与发展大会开放签署，1994年正式生效，有197个缔约方，是全球气候治理的核心。《公约》提出了"共同但有区别的责任"原则，是缔约方应遵守的基本原则，也是全球气候治理的基本原则。1995年起，《公约》缔约方每年召开缔约方会议（Conference of the Parties，简称COP），以评估应对气候变化的进展，各缔约方以《公约》为总体框架就减缓、适应、资金、技术、能力建设等方面的进展安排进行磋商谈判（见表1-1）。

表1-1　本书涉及的主要缔约方会议汇总

时间	全称	简称	地点	主要议题	谈判成果
1997年	《联合国气候变化框架公约》第3次缔约方会议	COP3	日本京都	商讨主要发达国家削减温室气体排放的目标。	达成具有法律约束力的《京都议定书》
2007年	《联合国气候变化框架公约》第13次缔约方会议暨《京都议定书》第3次缔约方会议	COP13	印度尼西亚巴厘岛	商讨《京都议定书》第一承诺期（2008～2012年）到期后的减排方案	通过《巴厘路线图》，确认了《公约》和《议定书》下的"双轨"谈判进程；设定了两年的谈判时间，决定于2009年在丹麦哥本哈根举行的《公约》第15次缔约方会议和《议定书》第5次缔约方会议上最终完成谈判

续表

时间	全称	简称	地点	主要议题	谈判成果
2009 年 12 月 7 日 ~ 12 月 18 日	《联合国气候变化框架公约》第15次缔约方会议暨《京都议定书》第5次缔约方会议	COP15	丹麦哥本哈根	商讨《京都议定书》第一承诺期（2008 ~ 2012 年）到期后的后续减排方案，即 2012 年到 2020 年的全球减排协议，为"后京都时代"定下行动基调	达成不具法律效力的《哥本哈根协议》；维护了"共同但有区别的责任"原则，坚持了"巴厘路线图"授权，维护了"双轨制"的谈判进程；最大范围地将各国纳入了应对气候变化的合作行动
2010 年 11 月 29 日 ~ 12 月 10 日	《联合国气候变化框架公约》第16次缔约方会议暨《京都议定书》第6次缔约方会议	COP16	墨西哥坎昆	明确《京都议定书》第一承诺期于 2012 年底到期后发达国家的温室气体减排指标；落实发达国家向发展中国家提供用于应对气候变化的资金援助、技术转让等方面寻求共识	通过了《坎昆协议》；坚持并维护了"双轨制"的谈判进程
2011 年 11 月 28 日 ~ 12 月 9 日	《联合国气候变化框架公约》第17次缔约方会议暨《京都议定书》第7次缔约方会议	COP17	南非德班	确定发达国家在《京都议定书》第二承诺期的量化减排指标；落实资金、技术转让方的安排	建立德班增强行动平台，负责 2020 年后减排温室气体的具体安排；正式启动绿色气候资金
2012 年 11 月 26 日 ~ 12 月 7 日	《联合国气候变化框架公约》第18次缔约方会议暨《京都议定书》第8次缔约方会议	COP18	卡塔尔多哈	具体贯彻"德班平台"在 2015 年前完成 2020 年后新公约的制定工作；通过《京都议定书》修正案	通过《多哈系列协议》；通过《京都议定书》修正案，但美国、加拿大、日本、新西兰、俄罗斯等国拒绝参加，致使强制减排份额严重缩水

续表

时间	全称	简称	地点	主要议题	谈判成果
2013年11月11日~11月22日	《联合国气候变化框架公约》第19次缔约方会议暨《京都议定书》第9次缔约方会议	COP19	波兰华沙	落实从2007年开始"巴厘路线图"所确立的谈判任务、共识及承诺；开启德班谈判,确定从2020年到2030年国际社会应对气候变化的目标、行动、政策、措施	强调德班平台基本体现公约原则；发达国家再次表态出资支持发展中国家应对气候变化
2014年12月1日~12月15日	《联合国气候变化框架公约》第20次缔约方会议暨《京都议定书》第10次缔约方会议	COP20	秘鲁利马	确定2015年全球气候协议的基本要素；增强2020年前减排和资金的力度	通过《利马气候行动倡议》；达成2015年巴黎大会协议草案的要素共识
2015年11月30日~12月11日	《联合国气候变化框架公约》第21次缔约方会议暨《京都议定书》第11次缔约方会议	COP21	法国巴黎	达成2020年《京都议定书》到期后新的全球协议	正式启动"后京都时代"
2016年11月7日~11月19日	《联合国气候变化框架公约》第22次缔约方会议暨《京都议定书》第12次缔约方会议	COP22	摩洛哥马拉喀什	《巴黎协定》正式生效后的首次缔约方会议,商讨落实《巴黎协定》的细节问题	通过《马拉喀什行动宣言》
2017年11月6日~11月18日	《联合国气候变化框架公约》第23次缔约方会议暨《京都议定书》第13次缔约方会议	COP23	德国波恩	确保如期拿出《巴黎协定》的实施细则,并使得落实《巴黎协定》所需的工具和手段得到强化	通过《斐济实施动力》,就《巴黎协定》实施涉及的各方面问题形成了平衡的谈判案文,进一步明确了2018年促进性对话的组织方式,通过了加速2020年前气候行动的一系列安排

1997 年在第三次《公约》缔约方大会（COP3）上达成的《京都议定书》是《公约》下第一个具有法律约束力的气候法案，明确了具有法律约束力的量化减排目标，规定从 2008 年至 2012 年是第一个量化的限制和减少排放的承诺期。《议定书》同时也为全球气候治理做出了一些机制性安排，如规定任何在《议定书》所涉事项上具备资格的团体或机构，无论是国家或国际的、政府或非政府的，经通知秘书处其愿意派代表作为观察员按照规定的议事规则出席会议，均可予以接纳，除非出席的缔约方至少 1/3 反对（《京都议定书》第 13.8 条）。

自 20 世纪 90 年代以来，全球气候治理逐渐呈现出以《公约》为中心、多元—多层的治理结构。在国际层面，联合国系统是主要推动者，协调各缔约方采取协商一致的原则参与，以保证在决策过程中各方保持平等的话语权。国际政府间组织、国际非政府组织、本土组织或机构等受邀作为观察员机构参加缔约方会议，监督谈判进程。随着应对气候变化的紧迫性和严峻性渐入人心，次国家层面的行为体日渐活跃，逐渐形成自下而上的声势，成为全球气候治理的新生力量。

二 双层博弈理论

双层博弈理论由美国学者罗伯特·普特南（Robert D. Putnam, 1988）提出，在全球治理的大环境下，为国内政治与国际政治的跨层次互动研究提供了新的理论分析框架，使不同层次之间的共时性分析成为可能。与单一国内因素对国际事件或国际因素对国内政治的研究不同，双层博弈理论把国际国内政治融为一体，强调在国际国内双层次同时博弈。

在国际层面，政府总是在博弈中争取自身利益最大化，以应对来自国内层面的压力，使不利的外交后果最小化。在国内层面，各利益集团会采取各种施压手段，使决策者在制定政策时能照顾他们的利益。在现代社会中，国家既相互依存又重视各自主权，决策者在制定政策时必须做到两者兼顾。在国际谈判中，国家谈判代表的面前有国内和国际两个棋盘。在国际棋盘上，谈判桌对面是其他国家的谈判代表，因为有不同的利益诉求，产生不同的博弈较量。在国内棋盘上，博弈对手是各利益集团，他们来自政府、私营部门、第三方机构等。在两个棋局中，西方学界和政界关注的重点是国内棋局，因为各利益集团都有选举权，一旦不能及时满足其诉求、平衡处理相关利益，可能直接导致选举失利，丧失领导权。相比之下，国际棋局的优胜只是为在国内棋局的胜出锦上添花。只有把握好国内对手能接受的最低妥协限度，才能更准确地预测国际谈判的结果。双层博弈的复杂性在于，政府决策在国内能被接受，还能得到其他国家的同意，而其他国家"也要考虑本国国内接受的可能性"（钟龙彪、王俊，2007：128～134）。在双层博弈中，政治家是关键行为体，要同时照顾国际和国内两个棋局的需求，尽量在两个层次的博弈中寻找平衡点。要在国内棋局争取最大限度的支持，又要保证在国际棋局中维护国际机制的顺利运转。双层博弈理论的关键是争取国内能批准的国际规则内容的最大集合，即获胜集合。一份国际协议及其具体的内容能否达成，受制于国内层面获胜集合的大小。

双层博弈理论探讨的是不同国家在互相依赖的条件下如何实现国际合作，为分析国内政治与国际政治的联系、互动提供了新的模式、框架和视角。本书选用双层博弈作为理论框架，主要从研究议题和研究对象两个角度进行了考量。

从议题来看，气候变化涉及环境、政治、发展、经济、能源等不同领域，其科学原理、影响和应对具有多元复合性。作为典型的全球性问题，应对气候变化需要全人类共同参与行动。这种行动涉及各主权国家的自身发展，更关乎国际政治格局的演变，是双层次交互制衡与博弈的过程。传播气候变化相关知识和问题、参与气候治理也要同时考虑国际、国内两个层次才能制定恰当的策略。

从研究对象来看，改革开放四十年来中国与世界的交流日益频繁、密切。作为崛起中的发展中大国，中国越来越积极参与全球治理，维护国际秩序，为国际安全合作提供必要支持。十九大报告指出，中国将继续发挥负责任大国作用，积极参与全球治理体系改革和建设，不断贡献中国智慧和力量。国内层面，经济稳定增长是国家可以积极开展国际合作的前提。随着市场化的发展，中国国内的利益集团也逐渐发育成长，对政府的政策制定和实施过程会产生不同的影响。中国政府在处理内政外交时也要面对国内、国际两个棋局。

本书第三章专门分析中国应对气候变化的双层博弈动因及对象，并分析了双层博弈框架下气候传播与治理策略的双层次目标。在研究过程中，笔者也对国内层面的博弈和获胜集合等概念界定进行了符合国情的修订。

第三节　研究方法

本书是关于气候传播与治理的综合研究，尝试运用国际关系、传播学、管理学、社会学、心理学和行为科学等多个学科的知识和理论，采用定性和定量结合的方法开展研究。除了文献分析法、定性实证研究和定量实证研究等常规研究方法外，还结合了以下几种方法。

一　双层次分析法

层次分析法是国际关系研究中的重要方法，它假定某一个或某几个层次上的因素会导致某种国际事件或国际行为。研究者通常是根据自己的研究对象和研究目的来选择哪种层次的分析。单一的分析层次有很大的局限性，不足以解释国家行为和国际政治之间日益依赖和互动的关系。在双层博弈的理论框架下，本书采用双层次分析法，分析中国气候传播与治理在国际和国内两个层次中三大利益相关者的策略转变。

二　利益相关者分析

利益相关者理论来源于企业管理学，其奠基之作是费里曼于1984年出版的《战略管理：利益相关者方法》。费里曼认为，利益相关者是指"能够影响一个组织目标实现或能够被组织实现目标的过程影响的个人或群体"（费里曼，2006：13～15）。费里曼利益相关者理论是在全球化的背景下提出的。20世纪80年代早期企业生产要素和产品市场快速全球化，企业面临着来自国内外的激烈竞争，面临新的不确定性挑战。原有的股东至上主义在新的环境下已经失去了优势，利益相关者的引入可以帮助企业重新扫描和理解外部环境及其变化，确保组织战略和组织管理的有效性。利益相关者理论有三个核心概念，也是该理论的三个发展阶段。

第一个阶段是"利益相关者影响"（Stakeholder Influence），强调组织与利益相关者的互相影响，特别是利益相关者对组织战略及其绩效的影响。这个阶段的研究有工具主义和组织本位倾向，利益相关者被当作外部环境因素或管理客体被关注，研究视角比较单一。

第二个阶段是"利益相关者参与"（Stakeholder Participation），强调利益相关者"借助一套程序得以对影响他们的决策、活动和资源施加影响并分享控制权"（World Bank，1996）。这个阶段的研究试图把利益相关者问题纳入组织程序内部，将利益相关者视角与组织视角结合，以双重视角取代第一阶段的单一视角。

第三个阶段是"利益相关者共同治理"（Stakeholder Co-governance），主张公司或组织与所有利益相关者相互制衡和共同治理。这个阶段遵循平等合作的逻辑，把利益相关者视为公司和组织的平等主体。利益相关者从管理对象到治理主体的转变，是利益相关者理论深入发展的重大标志。

上述三个阶段是包含与递进的关系，由外而内，层层深化，构成了利益相关者理论发展的重要线索，标志着利益相关者理论发展的飞跃（见图1-1）。

本文使用的利益相关者分析法，强调的是第三阶段的理论成果，即利益相关者共同治理。到21世纪初，随着全球治理模式深入人心，利益相关者共同治理理论的影响远远超出公司治理领域，并且从一种理论

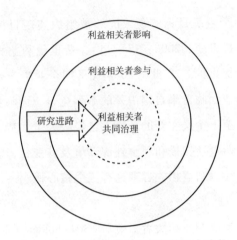

图 1 - 1 利益相关者理论发展的三个阶段

资料来源：详见中文参考文献［125］

范式转变为一种实践模式，在社会生活领域得以广泛运用。

利益相关者视角的引入打破了原有的单一治理模式，也被应用于风险控制、公共政策等相关领域，帮助对政策制定过程中的缺陷进行防控。利益相关者分析法的关键是对利益相关者的界定，只有界定清楚谁是利益相关者，才能展开基于利益相关者共同参与的治理。利益相关者分析是理解社会和制度语境的重要工具，通过这种方法可以了解谁被问题影响（积极的或消极的），谁会影响问题的发展（积极的或消极的），哪些个人、群体或机构需要被纳入解决问题的范畴内以及如何发挥不同的影响力等。

从传播学的角度来看，传播过程中的传者和受者的界限已经被打破。在大众传播时代，传播技术掌握在小部分人或组织手中，传者和受者并不是平等的位置，受者处于被动和劣势的地位。在新媒体时代，传统大众媒体的垄断格局被打破，传统意义上作为传播受众的普通社会公众越来越多地掌握了生产、传播、接受信息的能力，进而拥有了意见表达、施加影响、参与决策和组织评价等能力。在这种情况下，传者和受者的身份随时可能转化，每个人既是信息传播者，也是信息接受者。传统的传受论已经不再适用于当下的气候传播与治理研究，参与传播的都是独立的行为体，而这些行为体之间又有着密切的联系。

从全球气候治理的角度来看，随着全球化时代的来临，单方面的行动已经不能解决所有问题，多行为体的联合行动、共同治理成为大势所趋。气候变化是全球治理议程的首要议题之一，全球气候治理鼓励全球范围内各主权国家及非国家行为体等利益相关者遵循某种共同的价值认知，在气候领域开展跨国合作。参与气候治理的相关方在治理过程中都会主动或被动地参与到气候传播中。

双层博弈理论和利益相关者理论都是在全球化的背景下产生的。其中，双层博弈理论强调两个层面的博弈，是本书的分析框架；利益相关者理论强调协调各方利益达到总体最大化，本书通过利益相关者分析锁定基本研究对象。

三　追踪分析

追踪分析是社会学研究的一种研究方法，指对同一组对象在比较长的时间内选取多个不同的时间点进行系统的定期调查。相比一次性、单点性的横剖研究，追踪研究能满足解释社会现象之间的因果关系对时间顺序的要求，即存在关系的两种现象之间具有时间上的先后顺序。

本书第五章采用了追踪研究的方法，将追踪研究的时间段锁定在2009 年到 2015 年。首先，在这六年里，中国完成了从被动跟随到主动引领的角色转变，成功扭转了在全球气候治理中的国家形象，这是改革开放四十年中国参与全球治理以来第一次，也是最快的一次掌握了治理规则的制定权和话语权。回望中国参与全球气候治理之路，梳理其中经验并将精华外溢，可以为中国参与其他全球治理议题和落实"一带一路"倡议提供参考和借鉴。

其次，从谈判价值本身来看，《京都议定书》于 2005 年生效，按照 2007 年在印度尼西亚巴厘岛举行气候谈判通过的《巴厘路线图》的规定，如果在 2009 年不能达成新的协议，在 2012 年《议定书》第一承诺期到期后，全球将没有任何共同文件来对温室气体排放进行约束。

《议定书》第二承诺期的期限是 2013 年到 2020 年 12 月 31 日，2015 年底的巴黎谈判要拿出新的替代《议定书》的全球协议。简言之，2009 年的哥本哈根谈判把对《议定书》的讨论推到一个新高度——集中商讨 2012 年后全球应对气候变化的道路何去何从。2015 年则意味着全球气候治理一个时代的终结，"后京都时代"将正式开启。

最后，从传播效果的角度来看，2009 年的联合国哥本哈根气候大会虽然没有如期达成有法律效力的文件，却因为其重要性而引起全球媒体的持续报道，使气候变化和联合国气候大会成为公共话题，得到前所未有的关注。2015 年中美携手推动达成《巴黎协定》，成为年度热点事件。2009 年和 2015 年，形成了气候传播的两个波峰。

第四节　研究框架与研究价值

一　研究框架

本书共八章，主体是采用国际、国内双层分析框架，以三大利益相关者为基本分析单位，追踪分析其从 2009 年到 2015 年气候传播与治理策略转变，并结合 2015 年到 2017 年的最新进展开展新一轮实证研究，以期及时总结经验，为中国参与全球气候治理及其他相关议题的治理提供参考。

第一章，导论。阐述本书的立意背景，明确气候传播是气候治理的策略工具，传播的目的是推动更有效的治理。此外，介绍理论依据和研究方法，确定研究框架。

从第二章开始可以分为两个部分。第一部分包括第二章到第四章，讨论的是理论命题，即双层多维理论框架的构建。

第二章，气候变化与气候传播的研究综述。在综述国内外现有相关文献的基础上，厘清气候变化的概念，明确不确定性是科学研究的常态，回应部分读者"气候变化是否真实发生"的困惑。通过综述国际、国内气候传播研究的发展，厘清气候传播与环境传播、发展传播、健康传播、科学传播、风险传播、政治传播六大相关应用传播研究方向的区别，明确气候传播的定义和研究价值，为后续研究铺垫共识。

第三章，双层博弈：中国气候传播与治理的分析框架。分析中国应对气候变化的双层博弈动因，界定双层次博弈对象，对双层博弈理论中的"获胜集合"概念进行符合中国国情的修正。

第四章，三大利益相关者：中国气候传播与治理的基本单位。在米切尔利益相关者评分法的基础上对合法性、权力性和紧急性三个指标进行修订，增加相关性指标。从国际和国内两个层面分析中国气候传播与治理的相关利益者，明确政府、媒体、非政府组织为关键利益相关者。

通过第二章到第四章的理论梳理，笔者尝试构建一个双层多维的全景式研究空间作为新的综合性的理论工具。

第二部分是第五章到第八章，通过案例开展实证研究。

第五章，追踪分析政府、媒体、非政府组织的角色及策略转变（2009～2015）。结合案例对三大利益相关者在六年中的表现进行评估，界定三者的角色定位，通过实证分析考察六年间各方传播与治理的策略转变，并总结主要发现。本章是对双层多维研究空间在气候传播与治理领域适用性的检验。

第六章，后巴黎时代的中国气候传播与治理。总结2015年联合国巴黎气候大会后中国面临的挑战，分析后巴黎时代的应对策略。明确现实挑战，从趋势分析的角度提出三大策略建议。

第七章，全球气候治理"双过渡"新阶段与中国选择。气候传播是气候治理的战略工具，本章分析2016年到2017年间呈现出的全球气候治理的新形势，并在明确宏观治理形势的基础上，在双层多维的研究空间中分析中国的战略选择。

第八章，结论与展望。在案例分析和追踪研究的基础上，总结双层多维研究空间及综合运用相关理论工具的价值，讨论了在对这一研究框架进行验证的过程中得出的主要结论，即中国气候传播与治理的中国路径，并在结论基础上展望中国参与全球治理的未来之路。

二 研究价值

当下的中国有意愿、有能力更多地参与到全球治理中，以中国智慧为国际社会贡献力量，积极落实"一带一路"倡议。及时从不同角度总结中国参与全球气候治理的成功经验，研究经验外溢的可行路径，可以丰富中国方案的内容，帮助中国更好地在全球治理舞台上走出自己的路，做出创新贡献。

第一，基于对中国气候传播与治理研究及实践的长期跟踪，本书借用相关理论构建出一个双层多维的研究空间，从中总结出气候传播与治理的中国路径，这是一个区别于以往的综合视角，是对"多元多层"全球气候治理研究的有益补充。新的研究空间也为综合梳理中国参与全球气候治理的成功经验提供了新的可能性。

第二，国际关系中的双层博弈理论能够较准确地解释单一国家在参与全球气候治理时的决策处境。双层博弈理论是理性制度主义的一个研究分支，强调国内和国际互动的建构角度。中国学者在中国外交实践分析、对外经济政策、商务外交实践等方面已经进行了诸多有益的评介型和经验型研究尝试。本书是双层博弈理论在气候传播与治理研究中的应用，是一次有益的尝试。

同时，本书借用管理学的利益相关者分析法和社会学的追踪研究方法对研究对象进行跨学科立体交叉研究，构建"双层多维"的全景式研究空间，试图突破既有的传播学本位的气候传播研究方法，拓展气候传播研究的理论深度和研究层次，推进跨学科视野融合。笔者发挥多年跟进联合国气候谈判的经验优势和独特的个人研究与实践经历，用双层次分析的方法跟踪研究政府、媒体和非政府组织的气候传播策略转变，界定了气候传播在全球气候治理的宏观背景下的定义和价值，拓宽了气候传播的研究空间，丰富了全球气候治理的研究内容。

第三，无论是全球气候治理还是气候传播研究本身，在统筹国际、国内两个大局的精神下，国际非政府组织和本土社会组织的作用都值得更加重视。随着研究的深入，国际非政府组织在全球环境和气候治理中的作用已经在诸多研究成果中体现，本土社会组织也逐渐引起研究者的兴趣。尤其在"一带一路"倡议的落实中，非政府组织依靠其丰富的网络和群众基础，成为民间外交的主要力量，在推动"民心相通"方面有巨大潜力。正确理解非政府组织的类型、功能和影响力，可以帮助中国更好地与世界对话。笔者拥有丰富的国际非政府组织和政府间组织的工作经验，在回顾政府、媒体与非政府组织的策略转变过程中立体地展示了三者的互动关系，希望能为后续研究提供有益参考。

第四，研究气候传播与治理的前提，是要对气候变化的真实性、气候传播研究的价值和定位等基本问题达成共识。这是过去八年间笔者在各种交流时遇到分歧最多的地方。缺少共识的对话会影响议题讨论的深度。本书在进行深入的交叉研究前专门用一个章节，通过对国内外现有的文献进行搜集、分析、比较和批判，解释气候变化存在不确定性是科学研究的必然，阐释预防原则的重要性，分析了气候传播与环境传播、政治传播等相关应用传播领域的区别，明确气候传播作为独立研究方向的定位，为本书的交叉研究铺垫共识，也为其他对气候传播感兴趣的读者开展进一步的研究铺垫理论基础。通过文献综述回应对气候变化不确定性的质疑，对于推进学科间的行动共识具有现实意义。

在实践层面，本书及时总结中国参与全球气候治理的经验教训，对今后利益相关方开展进一步工作具有一定参考价值。

总之，本书的选题契合国家社会重大现实关切，具有一定现实意义。从内容来看，本书仍属于使用已有理论分析经验事实的应用研究。在现阶段，实证研究的积累和跨学科的研究尝试是相对现实的研究路径。所以，本书的重点不是对跨学科的理论进行突破和创新，而是基于笔者长期参与式观察积累的一手资料和深度访谈材料进行的实证研究，并尝试将国际关系、公共管理、社会学、传播学等领域的相关理论和方法引入气候传播与治理的研究中，构建一个综合的研究空间。希望这些探索对拓宽气候传播与治理的研究视野起到抛砖引玉的作用。

第二章　气候变化与气候传播

第一节　气候变化研究综述

一　气候变化的确定性

气候变化研究以时间为界，分为古气候学研究和现代气候变化研究。古气候学与古地质学、古生物学、地球化学、大气物理等密切相关，主要研究地质时期气候的形成。现代气候变化研究始于19世纪末，指有较系统的气象仪器观测资料以来的气候变化研究，这一时期的气候变化区别于古气候的主要特征是人为因素的影响。20世纪80年代以来，现代气候变化研究超越了自然科学层面，与政治、社会、经济、可持续发展、国际关系等社会科学相结合，进而提升到全球气候治理的层面。

现代关于"气候变化"有两个主要的定义。政府间气候变化专门委员会（IPCC）将气候变化定义为气候状态随时间发生的任何变化，除了气候变化的自然变率，还强调人类活动的影响。《联合国气候变化框架公约》（UNFCCC）强调除自然变率之外，由直接或间接的人类活动带来的气候变化，认为发达国家在工业化过程中消耗大量化石燃料、排放过多二氧化碳等温室气体导致全球变暖。

现代气候变化研究以温室效应的发现为关键节点。法国人傅里叶被公认为是第一个发现温室效应原理的科学家，他在论文《地球及其表层空间温度概述》中指出，大气层将地球辐射的热量重新反射回地面是地球能够保持热量的主要原因。1895 年，瑞典科学家斯文特·阿列纽斯研究出第一个用来计算二氧化碳对地球温度影响的理论模型，并首次提出温室效应的概念。1961 年，美国科学家基林提出了"基林曲线"，为大气中二氧化碳的浓度增长提供了长时间尺度的数据支持，做出了全球气候变化研究的奠基性工作。在随后的 20 年时间里，全球变暖的迹象及对此的分析越来越多。在 1979 年召开的第一次世界气候大会上，与会的世界各国代表对气候变化的事实和可能的影响达成基本共识，气候变化的全球应对由此展开，全球气候治理进程启动。1988 年，在联合国环境规划署与世界气象组织的推动下，政府间气候变化专门委员会（IPCC）正式成立。

IPCC 对所有联合国成员国和世界气象组织会员国开放。IPCC 的使命是在全球范围内收集整理现有的关于气候变化科学的相关信息，进行全面、客观的评估。迄今为止，IPCC 共发布五次评估报告。每次报告都对全球气候治理起到关键的推动作用。

1990 年，IPCC 第一次评估报告发布。根据全球最具代表性的四家研究机构公布的近 150 年全球地表平均温度序列，全球平均气温在"暖—冷—暖"的波动中呈现上升趋势。第一次评估报告引用了这一发现，证实气候变化正在发生。这次评估直接推动了 1992 年联合国环境与发展大会上通过《联合国气候变化框架公约》（UNFCCC），这是国际社会联手应对气候变化的第一个全球公约，也是全球气候治理的基本框架。国际气候机制的建立由此进入正轨。

1995 年，IPCC 发布第二次评估报告。这次报告明确了人类活动是导致温室气体增长的主要原因。以这份报告为科学依据，1997 年 12 月，人类历史上第一份具有法律效力的控制温室气体排放的国际协议《京都议定书》诞生。

2001 年，IPCC 发布第三次评估报告。这份报告为国际减排行动提供了更加清晰的标准，并将气候变化与人类可持续发展的长远目标联系起来，为促进《京都议定书》于 2005 年成功签署并生效做出了贡献。

2007 年，IPCC 第四次评估报告发布。报告从不同角度就气候变化的事实、原因、影响等进行了综合评估，直接推动了 2007 年底《巴厘路线图》的制定，"双轨制"谈判正式开启。

IPCC 第五次评估报告于 2014 年正式发布，有 800 多名科学家参与，是参与编写人数最多的，也是有史以来最全面的一次评估报告。报告确认，世界各地都在发生气候变化，气候系统变暖毋庸置疑。以二氧化碳、甲烷和氧化亚氮为主的温室气体在大气中的浓度至少已上升到过去 80 万年以来前所未有的水平。相比之前的评估报告，这次报告进一步肯定，温室气体排放及其他人为驱动因子"极有可能"直接造成 20 世纪中期以来观测到的气候变化。报告还指出，气候变暖幅度的提高会增加严重的、普遍的和不可逆转的影响的可能性，包括对独特和受到威胁的系统产生严重和广泛的影响、大量物种灭绝、对全球和区域的粮食安全带来巨大风险，以及高温、高湿威胁人类的正常活动（包括一些地区一年内部分时间的粮食种植或户外工作）等。

IPCC 第六次评估报告三个工作组报告将于 2021 年编写完成。综合报告将于 2022 年按照一定的程序编辑完成，及时提供给 UNFCCC 做全球盘点，届时各国将审查其在实现全球变暖远低于 2℃ 的目标方面取得的进展情况，同时努力将其限制在 1.5℃ 以下。

二　气候变化的不确定性

由于科学认知水平的有限性，人类对气候变化问题的认识和理解还不全面，在全球气候变暖的程度、原因、气候模型的预估及对人类产生的影响等方面，科学界仍有争议。

美国统计学家马克（L. Mark Berliner）在《不确定性与气候变化》中指出现有观测数据、气候模型的不准确性给气候科学的研究带来不确定性。葛全胜等在《气候变化研究中若干不确定性的认识问题》中综述了已有气候变化研究结果中存在不确定性的几个方向，探讨了下一步需要重点关注的领域。他们指出人类对气候变化的科学认识还不充分，有一定不确定性，所以关于气候变化的决策并不一定是完全理性的。张晓玉、史文婧在《关于全球气候变化争议的综述》中总结了目前科学界对全球气候变化及相关问题的争议，包括趋势及程度、成因、气候模型预估结果、气候变化对人类造成的影响、可行性应对政策五个方面的争议。

哥伦比亚大学教授杰弗里（Geoffrey Heal）认为气候变化是复杂的、非线性的、动态的系统，具有不确定性是正常的。他认为即使经济模型能分析出气候变化的趋势被阻止后的情形，但是通过控制温室气体排放到底能将气候变化逆转到什么程度也很难模拟出来。而且，气候变化会带来物种消失等一系列的变量，即使气候变化得到控制，消失的物种也不能再出现，这些都是经济模型不能涵盖的。

葛全胜等学者认为，气候系统变化非常复杂，人类不可能在短时间内对气候变化科学研究有确定性认识。而且气候变化涉及不同学科领域，不可避免地会产生认知上的分歧。王绍武还强调因为气候变化是长尺度的问题，是永远研究不透彻的，认识了一个问题，又会出现新问题。

除了上述不确定性研究外，还有一种观点认为，利益冲突也会影响科学活动的客观性、准确性和公正性。罗勇、高云在《气候变化科学传播中的利益冲突》中专门指出，有些对气候变化不确定性的强调和夸大是出于个人、组织、机构与气候变化确定论的观点支持者之间在政治立场、经济利益、学术观点或媒体宣传上存在利益冲突。

综合上述文献，尽管气候变化研究还有一定的不确定性，但已经形成很多共识，包括全球气候有变暖趋势，尽管程度还有不确定性，但这一趋势确实会对人类和生态系统产生严重影响；存在多种造成全球气候变暖的可能因素，其中人类排放过量的温室气体是诸多因素之一，并且"极有可能"是主要因素。

三　预防原则

如同交通预测、气象预测一样，气候科学也存在不确定性。IPCC发表的评估报告对其主要结论都有一个关于不确定性的说明，有的结论证据很多，可信度高；但有的结论是中等可信度，证据较少，并不会给一个绝对的结论。为此，IPCC还专门开发了一套"置信度术语"来尽量准确地描述预测的不同准确度。不确定性是科学研究的常态，并不是气候科学独有的。哥伦比亚大学环境决策中心的研究者强调："科学家们对气候变化的预测永远不会有100%的自信，他们能做的是基于可获得的最佳数据进行预测，以量化这些不确定性"（Center for Research on Environmental Decisions，2009）。

尽管大多数人在心理上仍倾向于接受确定性及其带来的"安全感"，而不喜欢不确定性及其带来的"失控感"，不确定性已经成为今天快速发展的风险社会的一种新常态，需要人们用更积极的心态来面对不同尺度的不确定性及其潜在的影响。

已有的大量文献显示，不同的学科对不确定性有不同程度的研究。早在1921年，美国经济学家奈特（Frank. H. Knight）就在其著作《风险、不确定性和利润》中对不确定性和风险进行了区分。他把不确定性分为两种情况：有概率分布的不确定性和没有客观概率分布的不确定性。奈特认为，后一种不确定性才是真正的不确定性。Milliken从管理学的角度将不确定性定义为"由于缺乏信息或者没有能力区别相关的和不相关的数据，个体感到不能精确地预测（组织的环境）"（Milliken，1987：133–143）。Van Asselt和Rotmans在《综合评估模型的不确定性：从实证主义到多元主义》中认为，可供使用的信息过多也会带来不确定性。Warren Walker等在《定义不确定性：基于模型的决策支持的不确定性管理的概念基础》中尝试从定位、等级、性质三个尺度对不确定性进行矩阵分析，以便为政策制定者提供管理不确定性的依据。其中，定位是指不确定性在复杂模型中的出现情况；等级是指不确定性在"确定性"和"完全无知"两个极限之间的位置；性质是指不确定性是可以归因于知识的不完备还是可以归因于现象本身固有的变异性。Marjolein B. A. 等在《预防原则与不确定性悖论》中提出了现代社会的"不确定性悖论"，即一方面人们知道科学不可能给不确定风险提供确凿的证据，同时，人们又越来越希望依靠科学来寻找确定性和决定性证据。

这个悖论产生的认知背景是人们的惯性思维已经习惯了知识和科学扮演的"传统而积极"的角色，即揭示真相。但是现在，时代变了。无处不在的不确定性风险对常规的科学分析提出了挑战，人们需要从跨学科角度重新思考科学的价值和作用，重新设计替代程序。

除了上述观点，联合国教科文组织在其报告中做了两个有关"不确定性"的补充，即"高质量科学并不要求较低的不确定性"及"在那些系统不确定性程度很高、知识上有空白以及决策牵涉利害关系甚大的问题上，那些难以量化的不确定性可能远比可以量化的方面重要"（联合国教科文组织，2005）。

在气候变化的不确定性研究方面，Van der Sluis 在其博士论文《不确定性中的确定性：人为气候变化的风险评估中的不确定性管理》中认为，新获取的知识可能也不会像人们期待的那样消除不确定性，反而会揭示更多不确定性。而且，这种不确定性在有新知识前就存在，只是没有被注意到或者被低估了。所以，更多的知识可能会让人们的理解更有限，或者使处理问题的过程比之前设想的更复杂。

关于人为气候变化的研究涉及多种不确定性，而这些不确定性并非都能消除。在这种情况下，科学分析的经典模式，即在毫无争议的框架下解决谜团的形式就行不通了。无论这种方法曾经在单一学科研究中多么成功，当需要解决关于跨国和跨代风险的跨学科问题时，它显得无能为力。

强调和承认科学的不确定性，并不是为"不作为"或"维持现状"找借口。研究全新的模式来应对这种不确定性已经成为社会各界出于主动或被动的共识。其中，研究最多、应用最广的是崛起于 20 世纪 70 年的预防原则。

当不清楚可能产生的结果的范围、没有可靠的理据将概率定量、代际和代内平衡的伦理元素处于危险状态时，原有的决策原则无法令人满意地处理这些问题。预防原则提供了一种理性的替代方案，用来处理在风险评估和管理中遇到科学不能提供确定答案时可以采取的策略，包含着不确定状态下行动的智慧（联合国教科文组织，2005）。预防原则的适用有两个条件，一是有决定着人类活动与其后果之间因果关系的复杂的自然系统和社会系统；二是对危险和风险进行描述和评估时，有难以量化的科学不确定性。

欧洲环境署在其 2001 年的报告《预防原则 1896～2000》中列举了从 1896 年到 2000 年包括石棉、杀菌剂、大湖区水污染、流行病在内的 12 个案例，说明未能及时采取预防措施导致的灾难性和无法挽回的后果。报告证明，通过采取先发制人的干预措施，这种后果的发生是有可能避免的，而与有可能发生的破坏和损失相比，其成本是值得的。

过去 30 年，预防原则已经成为涉及可持续发展、环境保护、卫生、贸易和食品安全等领域的国际条约及宣言中的基本原则。《联合国气候变化框架公约》也规定"各缔约方应当采取预防措施，预测、防止或尽量减少引起气候变化的原因并缓解其不利影响。当存在造成严重或不可逆转的损害的威胁时，不应当以科学上没有完全的确定性为理由推迟采取这类措施"（《联合国气候变化框架公约》，1992）。

随着预防原则在决策制定中发挥越来越重要的作用，20 世纪末西方学界曾引发关于预防原则是政治伎俩还是科学行为的讨论。Gray（1990）、Stebbing（1992）、Bewers（1995）、Dovershe Handmer（1995）等学者先后发表文章认为预防原则只是一种政治管理哲学，质疑其科学性。随后有不同学者就科学性问题进行回应。其中，美国公共健康领域的知名学者 Bernard D. Goldstein 在 1999 年发表的《预防原则和科学研究不是对立的》影响最大。

Bernard 认为，首先，预防原则对应的议题在产生之初是建立在科学研究的基础上的；其次，采纳预防原则后会激发该领域进一步加强科学研究，来确认真正的问题；再次，负责任的预防行动需要同步设置研究议程，以确保采取的行动合理有效；最后，预防原则下的干预行动要接受包括公众在内的利益相关方的监督和评估，而不只是"圈内人"。通过他们的监督和评估来判断所采取的干预行动是否与目标匹配，从而保证干预行动的正义性。Bernard 的观点得到广泛认可，预防原则作为一种科学工具被应用在相关领域。

与"预防原则"对应的是"无悔行动"，即不管有没有要预防的问题，人类采取预防措施，对自身的经济发展都是有益处的。无悔行动的关键是面对一些有风险的问题，采取了预防行动但问题没有发生也不会后悔，但如果不采取行动，问题一旦发生可能后悔。联合国教科文组织在《预防原则》报告中将这一原则上升到法律层面："预防原则在法律上有重要意义，无论在国际秩序中的各国，或者在国内的立法者、决策者以及法院都不能对它忽视。从预防原则被认可为国际法的元素时开始，它也成为环境法的一般原则的一部分，在指导一切现行法律规范的解释和应用时，具有无可辩驳的合法性"（联合国教科文组织，2005：23）。

综合上述文献，作为跨学科、全球化背景下的气候科学存在不确定性是"确定的"事实，已经成为新常态。在今天这个复杂的风险社会，人们应该做的不是回避或否定不确定性，而是调整原有单一科学框架下对确定性的依赖，直面气候变化的不确定性问题，在预防原则的指导下积极寻找有效的干预路径。

第二节　气候传播研究综述

一　气候传播的定义

无论是否承认气候变化的严峻性及其对人类和生态系统引发的严重

影响，即使仅从预防原则出发，气候变化毋庸置疑已经成为"21世纪人类共同面对的最严峻的挑战之一"（Schneider，2011：53－62）。

从20世纪70年代到今天，气候变化经历了从单纯的环境议题拓展到涉及政治、经济、发展、环境等领域的综合议题，经历了走出纯粹的实验室，进入全世界视野并进而引发全球范围内共同应对气候变化的行动的过程。这种渐变的发生，与气候变化议题本身的重要性逐渐凸显、全球应对气候变化的紧迫性日益增强有直接关系，而气候传播（Climate Change Communicaiton）在这个过程中发挥了关键作用。

从2000年开始，关于气候传播的研讨会及专门研究开始增多。在加拿大政府气候变化行动基金的支持下，2000年6月22～24日，加拿大环境署委托加拿大沃特卢大学举行"气候传播国际研讨会"，邀请来自四个大洲的政府、大学、非政府组织、独立的咨询公司、本土社区及媒体的250名代表参与会议。与会代表认为，气候变化议题本身的复杂性给气候传播带来一定难度，气候变化本身比较深奥，不能直接被受众了解；气候变化的影响存在不确定性；温室气体的减排目标当时尚未明确；需观察气候模型的稳定性等，这些在当时无法解决的问题导致气候传播的难度增加。研讨会还提出了对气候传播目标的三个期待，即提升意识，加深理解，激发行动。

《联合国气候变化框架公约》（UNFCCC）第六章中强调了气候传播和利益相关者参与应对气候变化的必要性和重要性："为了应对气候变化，必须采取即时行动来传播和教育当地社区，提升公众对可以预见的风险的意识。基于社区的气候传播和教育是终生学习的重要内容之一，对于提升意识、构建伙伴关系、影响行为改变及促进公众参与可持续发展都有重要价值。"

鉴于气候传播兴起的时间还不长，学界对气候传播的定义还未达成共识，更多偏应用研究。欧盟空间计划在其2007年的气候传播战略中提到，气候传播"旨在使更多公众了解气候变化，提升公众对气候变化危机的意识，提高公众适应及减缓气候变化影响的责任心并提供适应气候变化和减排的最佳实践建议及案例（European Spatial Planning，2007）"。瑞典学者 Victoria Wibeck 通过文献回顾总结出，气候传播的终极目标是通过公众参与减少气候变化的影响（Victoria Wibeck 2014），实现可持续发展。中国学者郑保卫在《气候变化理论与实践》中提出，所谓气候传播，作为一种传播现象，"是将气候变化信息及其相关科学知识为社会与公众所理解和掌握，并通过公众态度和行为的改变，以寻求气候变化问题解决为目标的社会传播活动。简言之，气候传播是一种有关气候变化信息与知识的社会传播活动，它以寻求气候变化问题的解决为行动目标"（郑保卫、王彬彬、李玉洁，2011：29）。

在前人研究的基础上，结合八年来的参与全球气候治理的实践经验，笔者认为：**"气候传播是利益相关方在全球气候治理的不同层次开展的信息传递，传播的目的是推动更有效的治理。气候传播是气候治理的策略工具。"**

二 气候传播与六大应用传播的关系

气候传播与环境传播、风险传播、健康传播和政治经济等议题的传播有何不同？这些方面积累的经验能不能直接应用到气候传播中？是否有必要再对气候传播进行特殊的学术观照？

针对这些现实中经常遇到的问题，美国气候传播研究者 Susanne Moser 梳理了源自气候变化问题自身的根本原因，包括气候变化缺乏可见性和即时性、气候系统的延迟性导致采取行动缺乏成就感、认知局限与技术进步之间的较量、气候变化的复杂性和不确定性、需做出改变的信号不足够及人类的利己主义等。"这些原因及人类和气候之间相互作用的复杂性，使气候传播比传播环境、风险或健康问题更具挑战性"（Susanne Moser，2010）。

除了 Moser 强调的原因外，本节通过文献综述，对环境传播、发展传播、健康传播、科学传播、风险传播、政治传播等相关应用传播研究方向及其与气候传播的关系进行梳理，以便更好地理解气候传播的界定。

1. 环境传播与气候传播

环境传播形成于 20 世纪 80 年代，最早的研究集中在美国。罗伯特·考克斯（Cox，2006）将环境传播界定为一种用于理解环境、理解人类与自然环境关系的手段。通过这种手段对环境问题进行建构，并在人与环境之间建立沟通的可能性。

气候变化在西方学者们的早期认知中被界定为环境问题。相应地，对气候变化信息的传播在很长一段时间里也成为环境传播的研究内容之一。最近几年，随着气候变化人为因素的确认及气候变化问题在全球升温，气候变化超越单纯环境领域的跨学科属性逐渐被确认，对气候传播的专门研究也越来越多。不过，气候传播研究脱胎于环境传播，西方很多研究气候传播的学者和机构也是环境传播出身，如耶鲁气候传播中心即从属于耶鲁森林与环境学院。直到今天，气候传播研究还从环境传播中汲取着养分。环境传播的研究领域已经扩展到"环境话语与修辞、媒介与环境新闻、环境决策中的公众参与、社会营销与环境倡议运动、环境合作与矛盾解决、风险传播、大众文化与绿色市场中的自然表征等多个方面"（徐迎春，2013：60－87）。气候传播研究者受环境传播研究最新进展的启发，或借鉴环境传播的方法，在此基础上推进气候传播研究的发展。

2. 发展传播与气候传播

20 世纪 50 年代，发展传播理论在美国兴起。发展传播通过媒介来教育和影响公众，促进公众通过参与和对话来策略性地推动社会发展。发展传播重在借助知识传播来系统性地干预社会进程。

气候变化归根结底是发展问题。发展传播中的一些理论在环境传播和气候传播等领域中也得以应用，最典型的是参与传播理论。参与传播理论聚焦大众传播中的个人作用，人人都有被倾听的权利，也都有权利自我表达。公众被鼓励参与与自身利益相关的决策讨论。近几年，公众参与环境决策过程成为舆论热点，气候传播中的公众参与研究也受到越来越多的关注。

发展传播的娱乐教育理论在气候传播中同样有借鉴价值。娱乐教育理论重视传播方式的娱乐化，通过娱乐元素的融入，激发公众对传播内容的兴趣。近年来，娱乐教育理论在健康传播、环境传播等相关领域得以应用。比如美国人口媒体中心（Population Media Center）的宗旨是通过娱乐教育改变人们的行为，从而提升人类健康和福祉，这家中心的口号是"肥皂剧也能改变世界"。

3. 健康传播与气候传播

美国传播学者罗杰斯认为健康传播是将医学研究的成果介绍给大众，从而提升大众对健康的认知，进而带来行为的改变。大众态度和行为改变，可以降低患病率和死亡率，有效提高生活质量和健康水平。新媒体时代，公共传播处在传播内容碎片化、人人都是传播者、社交媒体主流化等现实困境中。中国学者胡百精（2012）指出，传统意义上的传播具有单向、线性的局限性，这种局限性在传统媒体主导的时代还不是特别突出。但新媒体出现后，这种局限性被放大。传统的以灌输为特点的传播机制失灵，健康传播需要适应多点交错的线上传播新特点。胡百精强调，不只是健康传播，中国整体的政治、经济、社会和文化等领域的公共传播都面临这样的挑战。

气候传播和健康传播都是以促进行动以解决相关问题为终极目标，也都面临着对传统传播模式创新的现实挑战，在现实中摸索出的方法可以互相借鉴。此外，健康传播以创新扩散、社会营销和社会学习为主要框架的研究模式及发展中的经验和教训也值得气候传播研究者学习和借鉴。

此外，气候传播的障碍之一是气候变化问题的"遥不可及"，不过，研究逐渐发现气候变化对人类健康会产生各种影响，健康关系到每个人的生存状态，已有学者指出，"在气候传播中采用健康框架，可以更好地激发公众采取积极的应对行动"（Victoria，2014）。

4. 科学传播与气候传播

英国物理学家 J. D. 贝尔纳在 1939 年出版的《科学的社会功能》一书中专门讨论了科学传播，认为科技传播涉及科学家之间的交流、科学教育和科学普及三个方面，其目的是把科学知识从拥有者传递给接受者。中国学者刘华杰在此基础上提出科学传播有一阶传播和二阶传播，以二阶传播为重。一阶传播是对具体科学知识的传播，是自上而下的，其隐含的假设是科技总是无条件地对社会有益。传统意义上的科普就属于一阶传播。二阶传播弱化对知识的关注，强调科学对社会的影响。刘华杰还指出科学传播是多行为主体参与的动态的网状反馈系统。

与科学传播研究的发展过程类似，气候传播也经历了从传统科普到多元传播的过程，气候传播多主体的动态反馈系统也是本文重点研究的内容。可以说，气候传播与科学传播有一定的交叉。但从科学传播的内容和机制来看，其关注的重心是科学知识的分享与普及。气候变化虽然属于科学知识，但气候传播是通过提高认知来促进行动解决问题，通过传播贡献于治理。由此，气候传播和科学传播之间也不能简单地画等号。

5. 风险传播与气候传播

风险传播起源于社会学，尤其受德国社会学家乌里希尔·贝克的影响。1986 年，贝克首次使用"风险社会"的概念来描述后工业时期人类身处的社会。后工业社会的物质财富较之前的发展阶段更为丰富，但也给人类带来包括生态环境、经济、军事等诸多领域的风险。最早引起社会关注的是生态环境风险。

"风险"和"危险"并不是等同的。"危险是真实的，但风险却是一种社会建构"（Slovic，1997：277）。Covello、Zimmermann、Kasperson、Palmlund 等学者（1986）指出，一个良好的风险传播应该具备启蒙、知情权、态度改变、合法性、降低风险、行为改变、公共涉入、参与等功能。通过风险传播，能进一步促进彼此了解，对风险有更清晰的界定。认知了风险的存在，可以变被动为主动，采取积极的接纳态度。通过风险沟通机制的建立，可以寻求降低风险的策略并采取保护性的行动。

Grabill 和 Simmons 等（1998）总结了风险传播模式的三种范式，即科技主义取向、协商取向和批判取向。批判取向是在认识了前两种范式的限制后提出的，把风险传播放在现代化进程的不同情景中，强调风险的建构特性。

谢耘耕（2012）梳理了国内外风险传播研究的历史和现状，认为风险传播主要提供一种实践规范，在风险分析的基础上帮助不同领域解决风险带来的后果。最初风险沟通是为单一学科领域提供支持，现在也成为跨学科研究的应用工具。在实际使用的过程中，风险传播理论也得到发展。

气候变化是一种典型的风险，所以风险沟通也是气候传播可选的话语框架。将风险沟通用于气候传播，可以帮助公众更准确地了解气候变化风险的确定性与不确定性、相关应对原则及主动应对的效果。认知是行动的前提，在认知风险的基础上，带动参与和行动。当然，气候变化并不只有风险沟通一种话语框架，健康、政治、环境、发展、科学都是气候传播可以选用的框架。

6. 政治传播与气候传播

布赖恩·麦克奈尔的《政治传播学引论》对政治传播做了定义，即所有有关政治的传播就是政治传播。布赖恩认为，政治传播是有目的的。政治传播的研究领域包括政治信息、新闻媒体、公共舆论和新媒体等，其基本理论有政治修辞理论、议程设置理论、沉默的螺旋、劝服理论等。气候变化涉及国际和国内政治，国际关系是考量全球气候治理的重要视角。但是完全把气候变化理解为政治学范畴，容易限于"阴谋论"的泥淖，而忽视了气候变化本身的科学性。

通过回顾并比较上述应用传播方向的研究（见表2-1），主要有如下发现。

表 2 - 1　六类气候传播相关的应用传播方向的对比分析

传播方向	缘起时间	发源地	研究内容	主要理论
环境传播	20 世纪七八十年代	美国	环境话语与修辞、环境决策中的公众参与、环境合作与矛盾解决、风险传播、大众文化与绿色市场中的自然表征、媒介与环境新闻、社会营销与环境倡议运动	意义阐释、符号学、话语分析及传播学相关理论
发展传播	20 世纪 50 年代	美国	传播发展问题、信息传播新技术与社会变迁、社会运动与传播、传播与可持续发展及其相关问题	现代化理论（创新扩散）、批判性理论、权力传播或自由传播理论（参与传播理论、娱乐教育理论）
健康传播	20 世纪 70 年代	美国	与提升健康水平相关的社会营销、健康促进运动；与疾病诊疗相关的医患沟通、医疗技术推广；与风险传播相关的风险健康信息传播	两级传播、创新扩散、说服传播、社会营销、社会学习
科学传播	20 世纪 30 年代	英国	科学知识的传播过程和传播机制	传播学相关理论
风险传播	20 世纪 80 年代	美国	基于理论探索和实践规范的风险沟通研究、基于传播者和受众的主体研究、传播机制研究、公众认知研究等	风险社会理论及相关心理学、管理学理论
政治传播	20 世纪 20 年代	美国	政治活动中的政治信息、新闻媒体、公共舆论、新媒体等	政治修辞理论、议程设置理论、沉默的螺旋、说服理论

资料来源：笔者自制。

首先，相比六类研究方向，气候传播研究起步晚，在定位上与六类传播方向既相关又有区别，在发展过程中吸收相关应用传播方向的养分。正如对气候变化的研究有不同的视角，不能简单地把气候变化理解为单一学科问题一样，不同的传播方向有其各自的特点，对气候传播进行特殊的学术观照还是有必要的，简单建立从属关系容易抹杀各自方向的发展潜力。

其次，上述传播方向面临的共同挑战是概念还没有清晰的界定，处于不同的发展阶段。这些方向的理论框架还处于搭建中，方法论还待研究，尚未形成独立的学科，只是不同研究方向的应用传播。现阶段，各方向的研究重点应是实证研究的积累和跨学科研究的尝试，不必急于建构理论体系和研究框架来束缚自己。气候传播同样需要注意。

再次，上述传播方向在界定时都面临跨学科尴尬，以政治传播为例，有政治学本位和传播学本位两种界定趋势，两者之间缺少视界融合，也缺少跨学科研究方法的引入。气候传播涉及政治、经济、社会、环境、发展等领域，如果想做深入研究，应在注意气候科学和传播学的视界融合的基础上，加强跨学科研究方法的引入、借鉴，以互相验证。

最后，气候传播和上述传播方向均发源于欧美，其中以美国居多，从建构主义的视角来看，其研究发展过程中不可避免地要考虑本国的政治、经济和社会因素，即我们通常所说的"国情"。国内学者跟进这些研究方向时需要在学习、吸收的同时，注意国情差异，贡献更多本土视角，使这些领域真正在本土生根。

三 国际气候传播研究

回溯气候传播的历史，当气候变化还只是环境领域探讨的问题时，西方媒体已经开始尝试气候传播实践。20世纪70年代，全球变暖的概念开始在媒体上频繁出现。1977年7月21日，全职作家保罗·瓦伦丁为《华盛顿邮报》撰写了题为《100年的趋势：越来越热》的文章。1978年2月18日，托马斯·图勒发表文章《气候专家预测变暖趋势》，第一次提到炭和油的使用导致二氧化碳在大气中的浓度升高，全球温度将随之升高。这可以算是第一次对全球变暖、气候变化的准确描述。

20世纪80年代，气候变化在欧美科学家的研究基础上成为全球议题。随着关注度的提升，围绕气候变化是否存在、气候变化问题是否真实的辩论也开始展开，并持续了十多年时间。Moser通过研究发现，对气候变化持怀疑论的主要是传统的化石能源企业的代表。为了保护自己的眼前利益，继续靠传统能源牟取暴利，这些人收买一部分科学家和智库，借助媒体散播信息，强调气候变化是虚假的、夸大的、没有达成科学上的共识等信息，企图扭转公众对气候变化的认知。

辩论的另一方是气候变化真实论的支持者。这些人在长时间的数据支持和预防原则基础上强调气候变化真实存在，并提供进一步的研究发现来反驳辩论对手的观点。他们也利用媒体发声，不自觉地充当起气候变化传播者的角色，让更多公众了解最新的气候变化的原理等科学知识。

很长一段时间内，辩论双方针锋相对，互不相让。从趣味性和全面报道的考虑出发，媒体自然不能缺席这场精彩的较量。但是，因为双方都是针对复杂的科学问题进行辩论，媒体报道的内容也集中在学术争议层面。气候变化基础研究的专业性相当高，媒体在复杂的数据分析面前无所适从，只能重复双方对结论的表达。这样，当媒体对气候变化真实论的观点进行集中报道时，公众认定气候变化确实发生。当媒体集中报道否定论的观点时，公众的态度又会有大的转变。可见，在这个阶段，气候变化的科学性和专业性阻碍了媒体的深度参与，只停留在肤浅的报道层面上，不能帮公众对气候变化有充分认知。

经过 20 多年的发展，随着气候变化研究的深入，科学界在气候变化的成因、影响和应对上达成越来越多的共识。气候变化研究，特别是气候变化的影响研究拉近了这个复杂的科学议题与普通公众的距离。同时，公众在日常生活中经历了极寒、极暖、干旱、洪涝等极端天气气候事件，深刻体会到气候变化的影响。因为加深了对气候变化的理解，公众开始主动思考如何应对气候变化。气候传播不再是"专家间的决斗比赛"。尽管怀疑论者依然存在，针对气候变化的公开辩论已经不再占据舆论主流，更多的注意力被放在怎样采取应对行动上。

1988 年，民意调查发现，"美国、欧洲和日本等地的公众对气候变化的担忧越来越多"（Leiserowitz，2007/2008）。公众对气候变化的认知直接影响政策决策者的行动。公众认知研究通过收集数据，为决策提供科学支持。一些研究者根据公众认知数据，发现隐藏其中的传播规律。还有的研究者关注内容、文本和话语框架分析。

随着对气候变化议题理解的深入，对气候传播的重视程度也得到前所未有的加强。2004 年，英国政府委托相关部门开始国家气候传播策略问卷调查，2005 年，英国政府计划拨款 1200 万英镑开展气候传播国家行动，推动公众重视气候变化，从而通过全民减排对抗气候变化，2006 年 2 月，题为《明天的气候，今天的挑战》的策略报告出炉，报告正式提出成立专门的气候挑战基金，支持国家和地区层面的气候传播行动。与此同时，一些环境组织也以同样的目的开始推行"全民气候运动"。随后，气候传播成为前沿的跨学科课题，英国、德国、瑞典、美国、加拿大等切入气候变化领域较早的国家先后成立专门基金支持气候传播研究，一些高校及研究机构也陆续成立气候传播研究中心开展相关研究项目。从各国的研究成果分析，目前气候传播领域偏重实用性的方法论及受众心理学研究，以达到有效提升公众应对气候变化意识的目标。如欧盟空间计划（ESPACE）出具的气候传播策略报告提出气候传播的实用标准，即打破气候变化神话、用新的思路去思考、有效联系政治与传播、受众定位原则、类型分析及有效管理；哥伦比亚大学在美国国家科学基金的支持下完成《气候传播心理学》，详细阐述了气候传播八条原则，即充分了解受众需求、必须引起受众关注、将晦涩的科学数据转换成具体可感的例子、不要过度使用感性诉求、强调科学及气候变化的不确定性、充分开发社会个体之间的联系、鼓励团体参与及降低行动难度。正是有了这些研究基础，气候变化得以在全世界范围内迅速传播并在 2009 年底成为全球关注的议题（参见图 2 - 1）。

总之，对公众认知、媒体报道的话语框架分析及传播策略的探讨，构成了欧美气候变化传播研究领域的基本框架。

1. 公众认知研究

2000 年之前，大多数对公众认知感兴趣的学者将关注点放在公众对环境问题的反应上。2000 年后，越来越多的学者开始从社会科学视

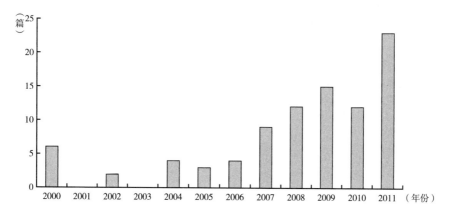

图 2 - 1 2000 ~ 2011 年发表于 The Academic Search Premier 和 Scopus 数据库的气候传播英文文献统计 (Wibeck, 2014: 387 - 411)

资料来源: 详见英文参考文献 [94]

角关注气候变化公众认知及怎样更好地进行气候变化传播。相关研究主题包括公众对气候科学是否有正确认知 (Etkin&Ho, 2007; Seacrest Kuzelka, aLeonard, 2000; Sterman & Sweeney, 2002/2007)、公众对应对气候变化不同行为策略的态度 (Ohe & Ikeda, 2005) 及公众参与应对气候变化的障碍 (Lorenzoni Nicholson - Cole & Whitmarsh, 2007) 等。这些研究的成果被应用在不同的气候传播倡导活动中, 如欧盟从 2010 年持续至今的气候行动倡导 (The EU's Climate Action Campaign) 和瑞典环境保护机构于 2002 年发起的为期一年的气候倡导活动 (The Swedish Climate Campaign) 等。

从研究的具体内容来看, 虽然研究显示很多国家公众的气候变化意识比 20 年前高出很多 (Corbett & Durfee, 2004; Whitmarsh, 2011), 但一些国家的公众在 2011 年前后对气候变化的关注呈下降趋势 (Leiserowitz et al. 2011a; Poortinga et al. 2011; Whitmarsh, 2011)。在耶鲁大学气候传播项目 2011 年做的全美气候认知调查中, "非常担心" 和 "有点担心" 全球变暖的公众从 2008 年的 63% 跌至 2011 年的 52%。研究显示, 美国的部分公众对气候问题出现 "审美疲劳" (Maibach et al. 2010）。英国的情况相反，Reser 等学者在 2012 年的问卷调查显示，约 71% 的英国受访者非常或相对关注气候变化问题。另有研究显示，相信气候变化发生而且会对人类有严重影响的英国公众有增多的趋势（Poortinga et al. 2011；Whitmarsh, 2011）。欧盟民调机构的调查显示，2009 年 64% 的欧盟公众认为气候变化是严重的问题，2011 年这一比例上升到 68%（Eurobarometer, 2011）。澳大利亚的调查显示，66% 的公众非常或相对关心气候变化问题（Reser et al. 2012）。

Lorenzoni 和 Pidgeon 研究了欧美公众在 1991 年到 2006 年的气候变化认知。结果显示，欧美公众认知比例的升降是周期性的。受调查者充分认识到气候变化问题的存在，但他们关于气候变化的成因和解决方案的认识是不充分的。气候变化被看作严重的威胁，但在时空上还是遥远的。因此，他们认为气候变化相比其他个人或社会风险的重要性要低。而且，在应对气候变化的行动上，他们认为政府应该是主要的责任方，而不是个人。Lorenzoni 和 Pidgeon 由此总结，早期的研究证明普通公众对气候变化的态度是矛盾的。Wolf 和 Moser（2011）通过文献回顾也得出类似的结论。

总之，研究说明虽然气候变化问题已经引起了公众的注意，但因为气候变化的复杂性和不确定性，导致公众对其认知仍然含混不清（Campbell, 2011；Donner, 2011；Featherstone et al. 2009）。但是，政府和国际社会期待公众能参与到应对气候变化的行动中（Ockwell Whitmarsh & O'Neill, 2009），所以，以促进公众参与为目标的气候传播非常重要。

从研究的分布区域来看，大多数公众认知研究集中在美国和英国，只有少量发生在挪威（Ryghaug Sorensen & Naess, 2011）、瑞典（Olausson, 2011；Sundblad Biel & Gärling, 2008；Uggla, 2008）、马耳他（Akerlof et al. 2010）、加拿大（Akerlof et al. 2010）、日本（Ohe & Ikeda, 2005；Sampei & Aoyagi－Usui；2009）和澳大利亚（Bulkeley, 2000；Herriman Atherton & Vecellio, 2011）。其中，大多数研究聚焦在

单一国家范围内。虽然也有一些跨国比较（Akerlof et al. 2010；Lorenzoni & Pidgeon，2006；Wolf & Moser，2011），但只有一两篇涉及发展中国家的跨国比较（Wolf & Moser，2011），缺少发展中国家的公众认知，以及发达国家与发展中国家间公众认知对比研究。

2. 媒体报道的话语框架分析

大众媒体报道对公众气候变化认知有重要影响。已有的很多文献强调，电视、报纸、网络这类媒体充当着科学家和公众之间的桥梁，对影响公众理解科学问题发挥着决定性作用（Kahlor & Rosenthal，2009；Olausson，2011；Ryghaug Orensen & Naess，2011；Zhao et al. 2011）。

气候变化报道的语境分析也是关注焦点之一（Gelbspan，2005；Carvalho，2005；Becker；2005）。Becker 对比了美国和德国的媒体报道，认为美国记者对气候变化的政治语境更感兴趣，德国记者更重视环境语境的营造。

此外，新闻实践层面的探讨也比较多，比如平衡报道原则（Boykoff，2005；Gelbspan，2005；Tolan & Berzon，2005）。媒体从平衡报道的角度出发给气候变化确定论和怀疑论者同样的发声机会，一定程度上也给公众带来错误的印象，误以为气候怀疑论和确定论有一样的影响力和规模。这种平衡报道是导致 20 世纪气候变化怀疑论在美国公众和政策制定者中流行的原因之一。（Schweitzer Thompson Teel & Bruyere，2009）。Boykoff 通过研究发现，1990～2002 年的美国媒体根据平衡报道原则放大了少数相反意见的声音，而对人为气候变化的报道不充分。这样，公众误以为科学界还没有对人为气候变化问题达成共识。由此可见，平衡报道原则是为了保证报道的客观公正，但也可能引发新的信息偏见。Boykoff 由此建议应该用"证据比重原则"来取代传统的平衡报道原则。

框架分析也是研究大众媒体气候变化报道的主要方法。不同国家媒体的气候变化报道框架会有很大的差异性，比如瑞典、法国、德国的媒体倾向于使用"确定性框架"，认为人为全球变暖是气候变化的主因，由其带来的危害已经是可见的（Olausson，2009）。相反，美国媒体的报道框架强调"不确定性"，以降低公众对气候变化的关注度（Nisbet，2009）。值得注意的趋势是，随着近年来美国本土遭遇的极端天气气候事件越来越多，美国媒体已经越来越少采用"不确定框架"来报道气候变化问题（Zhao et al. 2011）。此外，经常被媒体采用的框架还有经济发展框架（强调气候变化是拉动经济发展的新机遇）、利弊框架（强调气候变化的正面或负面影响，否定或低估其另一面的影响）、道德伦理框架（强调对自然的尊重）、公共健康框架等（Adam，2012；Nisbet，2009）。

值得注意的是，欧美学者研究的大众媒体不仅局限在新闻类媒体，还包括喜剧、历史类节目、气象类节目、脱口秀、纪录片、儿童类节目等多种类型。比如有学者分析大众文化的影响，强调好莱坞电影《后天》对公众认知气候变化发挥了巨大作用（Balmford et al. 2004；Leiserowitz，2004；Lowe Brown & Dessai，2006）。

此外，通过回顾相关文献可以发现，虽然已经是新媒体时代，但目前的文献中多是针对传统大众媒体的研究，对社交类新媒体的研究还比较少（Koteyko et al. 2010）。

3. 气候传播策略研究

国际气候传播策略的研究大致可以分为两类，一类从哲学、文化等不同视角出发进行宏观层面的分析，另一类是直接给出有针对性的微观层面的策略建议。

以第一类为例，Moyer（2005）认为不应该把生僻的科学术语直接用于气候传播，而应在理解不同受众的信仰后选择相关的语言来传播。比如，如果受众是基督徒，选择精神层面、带比喻色彩的语言会达到更好的传播效果。

Russill（2007）区分了四类气候预警的修辞策略，指出传播气候变化从哲学角度应建立在积极的、建设性的共识基础上。Von Storch 和Krauss（2005）比较了美国和德国受众在面对气象灾害时的反应，强调内在文化因素在气候传播中的重要性。

针对微观层面，Moser 和 Dilling（2004）给出气候传播的 7 条策略，比如细分受众、选择适合的信息以放大气候变化的可信性和合法性、选择合适的传播渠道、把气候变化与人们的生活关联起来、用文化价值和信仰框架来刺激减排行动等。研究发现，如果在传播中提到竞争力、领导力、独创、创新、公平及对他人福祉的关注，美国人会更容易对相关信息有反应。Freimond（2007）专门为企业提供了切实可行的气候传播策略，帮助企业避免陷入"洗绿"的丑闻。

4．小结

通过上述文献整理可见，国际气候传播研究，尤其是过去 10 年的研究出现了很多成果，但也存在明显的不足。

首先，国际气候传播研究的定位偏传播学和行为心理学，现有研究多是建立在传播学和心理学已有的理论基础上，侧重应用研究，缺少更宽阔的学术视野，如国际关系视角、利益相关者研究等。

其次，目前的公众认知研究是国际气候传播研究发展较快的一个领域，但仍停留在细分受众层面，在推动地方性行动上虽然有一定实践探索，但跟进研究并不多。

最后，不管是媒体内容分析、公众认知还是策略研究，目前的研究多集中在国别层面，即使发达国家之间的比较研究也不多，缺少全球思考，缺少针对发展中国家的研究，更缺少对发展中国家弱势群体的关怀。

四　国内气候传播研究

为了更全面梳理中国气候传播研究的文献，笔者曾用"气候""报道""新闻""框架""认知""策略"作为关键词，对中国知网期刊全文数据库和万方数字化期刊全文库 2007～2014 年的相关文献进行搜索，共发现 81 篇，集中发表在 2007 年（含）以后。按照内容可分为综述类（6 篇）、媒体内容及话语框架类（49 篇）、传播主体角色及策略分析类（7篇）、公众认知类（21篇）。这些文献大体勾勒出中国气候传播研究的基本情况（见图2－2）。

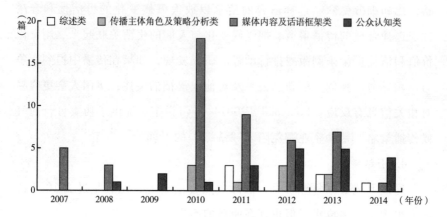

图2－2　2007～2014年收录于中国知网期刊全文数据库和万方数字化期刊全文库的气候传播中文文献统计

资料来源：笔者自制。

通过梳理2015～2017年的文献，发现媒体报道内容分析的数量和质量较2010年近20篇的高点有较大幅度提升，保持在每年30篇左右，但有公众认知、传播策略等研究视角的文献还是非常少。

1. 媒体报道话语框架研究

虽然气候变化在20世纪80年代已经成为全球议题，国内媒体和学界注意到这一问题是20多年后。按照时间序列和关注度高低，可分为启蒙、井喷、平缓、复喷几个阶段。

第一阶段是2007～2009年的启蒙期。因为《京都议定书》签署十周年、IPCC发布第四次评估报告和《巴厘路线图》出炉等一系列国际热点事件发生，2007年国际社会对气候变化问题的关注和讨论急剧升温。中国政府作为全球气候治理的关键角色参与联合国巴厘岛气候谈判，少数媒体有机会随行参与，并将国际社会对气候变化的关注热度传回国内。与此同时，中国政府为了表达应对气候变化的决心先后发布《气候变化国家评估报告》和《中国应对气候变化国家方案》，使这一议题受到进一步关注。

2007 年 6 月，贾鹤鹏发表文章《全球变暖、科学传播与公众参与——气候变化科技在中国的传播分析》，对《人民日报》、《科技日报》、《科学时报》和《新京报》在 2005 年、2007 年的气候报道进行内容分析，可以说这是国内研究气候报道的第一篇论文。同年 8 月，《中国记者》刊发题为《气候变化与媒体责任》的专题，有气候报道经验的记者受邀撰写了一组文章，对气候报道的方式方法提出具体的建议（陈锐，2007；刘军，2007；冯永锋，2007；徐琦，2007）。2008 年，也有记者写的几篇论文发表，主题比较零散（江世亮，2008；任海军，2008；贾鹤鹏，2008）。

回顾这个阶段的文献，可以总结出三个特点：从作者身份来看，这个阶段的文献均由从事气候报道的记者撰写；从内容来看，没有太多理论介入，多是从实践出发对气候变化知识进行科普及对记者自身素养进行反思；从定位来看，多基于文章作者自身的报道经历，对气候报道的定位还比较混乱，比如科学记者将气候报道定位成科学传播，环境记者将其定位为环境传播，没有独立的研究定位意识。

第二阶段是 2010~2011 年的井喷期。2009 年 12 月的联合国哥本哈根气候变化谈判因为议题重要、参与人数多、关注度高成为焦点事件。来自中国的近百名记者在贝拉会议中心共同见证了这一历史性时刻，与国际同行就同一议题进行不同角度的采访，制作了大量现场报道。中国代表团副团长、国家发展和改革委员会气候变化司司长苏伟曾评价哥本哈根会议"最大的成绩就是对全世界人民进行了一场气候变化问题认识知识的普及，提高了认知程度。短短两个星期，由于借助一些现代传媒技术，全世界的目光都聚焦在哥本哈根"（苏伟，2009）。有评论说，"哥本哈根会议在全球范围内实现了一次关注气候变化的议程设置"（俞铮，2010：30-32）。从 2010 年开始，一批学术成果陆续发表，集中针对这次谈判的媒体报道内容和话语框架进行研究。

与"启蒙"阶段明显不同的是，除了参与报道哥本哈根会议的记者撰写新闻业务分析类文章外，占更大比例的是新闻传播领域的研究者，他们的发声将关于哥本哈根气候报道的讨论推向理论深度。比如，郭小平等学者（郭小平，2010；张璋，2010；钱进，2010）锁定国际媒体对中国形象的报道，对其使用的话语框架等进行批判性分析，揭示西方媒体对中国持有"先入为主"的印象，影响其议程设置。另有一批学者（蒋晓丽，2010；曲茹，2010；贾焕杰，2011）将中西媒体对哥本哈根气候会议的报道进行比较研究，发现其中的意识形态鸿沟和国情差异影响，并就中国媒体如何在国际舆论场上争取话语权提出具体建议。

第三阶段是 2012 年到 2015 年上半年的平缓期。2012 年开始，对哥本哈根气候报道的讨论渐少，对媒体报道的关注回归平缓，切入的理论角度较"井喷期"没有太多突破。相对来说，这个阶段的特点是学者们对气候变化有了更清醒的认识，有意识地将自己的研究归类为"气候传播"，并试图用宏观的研究视角分析问题。如刘涛在《新社会运动与气候传播的修辞学理论探究》中引用学者郑保卫对气候传播的定义来明确研究定位，并引入风险社会的概念，认为以不确定性为主要特征的气候变化议题已经渗透所有不确定的社会领域，指出气候传播是典型的新社会运动，意在"在整个社会意识深处注入有关公平、平等、正义、包容、对话等公共价值内容"（刘涛，2013：84-95）。

第四阶段是 2015 年联合国巴黎气候大会后的复喷期。联合国巴黎气候大会再一次吸引了全球媒体的关注，报道数量激增，为学者的研究提供了新的素材。

从 2015 年到 2017 年，对媒体报道内容的分析持续保持在稳定的数量。

2. 传播主体角色与策略分析研究

相比媒体内容分析研究，对传播主体角色与策略分析的研究在数量上并不多，主要是中国气候传播项目中心的几位学者在研究。不过，这个研究视角对中国气候传播研究的发展有特殊贡献。

正是在对传播主体角色及其对应策略的分析基础上，国内研究者明确提出气候传播的重要性，开始拓展这一新的研究方向。2009 年的哥本哈根气候大会，是中国政府、媒体和非政府组织第一次在国际场合集体亮相。相比西方国家在发挥三者合力方面的丰富经验，中国在这方面的积累几乎是零，在政府、媒体、非政府组织如何合作以实现共赢等方面出现值得探讨和提升的空间。

国内学者以关注现实问题并提供解决方案为导向，参与并跟进后续的联合国气候谈判，对气候传播主体角色与策略分析进行跟踪研究（郑保卫、王彬彬，2010；2011；2013）。在此基础上，2011 年，郑保卫主编《气候传播理论与实践》一书，正式提出"气候传播"的概念和理论框架。

传播主体角色和策略分析的研究视角不是"舶来品"，是内生的、自发的。作为碳排放大国，处于发展中阶段的中国面临减排和发展的双重压力。中国在国际气候谈判中遇到的问题是独特的，国际上没有现成的经验可以借鉴。这要求国内学者结合对国情的了解和对国际局势的把握给出客观分析和中肯建议，从国家的实际需要出发，解决实际问题。

相比之前的研究，对气候传播主体角色及其对应策略的分析开拓了气候传播的研究范畴。虽然国内对气候传播的研究可以追溯到 2007 年，但之前的研究只是业务探讨和话语框架分析，对气候传播主体角色的分析把研究视野扩展到国际关系、公共管理层面，在实现气候传播跨学科研究的道路上进行了有益的探索。

3. 公众认知研究

国内学者分别对农民（云雅如，2009；吕亚荣，2010；谭智心，2011；肖兰兰，2013）、城市居民（崔维军，2014）、企业管理者（许光清，2011）、在校大学生（陈迎，2008；罗静，2009；王金娜，2012；陈涛，2012）及不同区域的公众（常跟应，2012；曹津永，2014）开展过公众认知调查，在了解不同群体的认知状况基础上提出相应的政策和行动建议。

2012 年，中国气候传播项目中心在中国全境（港、澳、台地区除外）开展公众认知调查，覆盖了中国内地城市和农村的 4169 位成年受访者，全面了解中国公众关于气候变化及相关议题的认知、态度及实践等信息。通过调研发现，中国公众完全没听说过气候变化问题的只有 6.6%，"大多数公众认为气候变化正在发生，主要是由人类活动引起的，而中国已经受到了气候变化的危害，这种危害对农村居民的影响更大"（王彬彬，2014：34 - 37）。这是第一次由独立第三方开展的全国范围公众认知调查，为国际谈判和国内政策制定提供了数据参考。

在调查发现的基础上，笔者比较了美国、墨西哥、中国大陆、中国台湾及其他亚洲七国的公众认知数据，发现了一些公众认知上的共通点，比如普通公众对气候变化的认知仍停留在基于个人经历的主观假设，感性成分居多；对于大多数公众而言，气候变化认知和行动之间仍有差距；虽然新媒体蓬勃发展，但电视仍是气候传播的主要渠道等（王彬彬，2014）。中心其他学者也从不同角度进行了深入分析（李玉洁，2013a；2013b）。

2013 年，中国气候传播项目中心针对城市公众开展低碳意识调查，并在调查结果的基础上依据城市公众的"低碳概念认知""低碳政策认知""低碳付费意愿""低碳行为表现"四项指标进行分类，区分出中国城市公众在低碳认知和行为上的四种类型及其基本特征，并结合"四类低碳人"及其特征，提出针对性的媒体传播策略（郑保卫、王彬彬，2013a）。

继 2012 年开展全国范围公众气候认知调研后，2017 年，笔者主持第二次全国范围公众认知调查。调研采用计算机辅助电话调查方式完成，样本量为 4025 人，覆盖中国内地 332 个地级行政单位和 4 个直辖市，特别考虑了城乡比例、性别比例，以更客观地呈现中国公众普遍的认知情况。研究显示，中国公众的气候认知度保持在高水平（94.4% 的受访者认为气候变化正在发生，66% 的受访者认为气候变化主要由人类活动引起，79.8% 的受访者对气候变化表示担心），公众高度支持政府颁布的减缓和适应气候变化的相关政策。与五年前相比，空气污染和健康成为公众最担心的气候变化影响；共享单车等科技创新给公众参与应对气候变化提供了落地方案。在调查发现的基础上，调研课题组正在进行深入研究（王彬彬，2017）。

4. 小结

通过国内的文献梳理可以发现，气候传播研究仍集中在媒体内容分析，这与研究内容的可获得性和研究者的知识体系有较大关系。2009年和2015年的联合国气候谈判吸引了大量媒体报道，这两次气候大会后的媒体内容研究数量呈现井喷。气候变化报道和气候传播研究都存在话题性特点，缺少一定时间尺度内的连续关注。

通过回顾国际和国内气候传播研究的相关文献可以发现，相比欧美学界，中国的气候传播研究起步晚，虽然在研究框架上类似，但也存在明显不同。中国气候传播研究不是从西方引入的，是根据自有的经验结合国情开展的主动研究。有学者指出：气候变化知识和信息的传播问题是中西方气候传播的研究主体，但"两者在开始时间，研究缘起，对气候变化问题的基本立场，研究定位、框架和方法上都有其各自的特点"（郑保卫、王彬彬，2013：5-14）（详见表2-2）。

无论是国际还是国内的气候传播研究，其策略研究的文献均明显少于媒体内容研究。其中，无论是国际还是国内的气候传播研究多运用行为心理学和传播学层面的理论知识，从国际关系、公共管理等视角入手的研究非常少。

应对气候变化是全人类共同面临的挑战，需要国际合作来完成。应对气候变化需要综合考虑国际、国内两个层面的因素及其之间的互动。通过梳理国内外气候变化及气候传播文献可以发现，之前的气候传播策略研究还没有这方面的理论引导及系统分析。本书将气候传播放在全球治理的大背景下来研究，尝试借用国际关系的双层博弈理论，锁定中国国情来研究中国气候传播策略问题，无论是国际还是国内层面，都是一次有益的尝试。

表 2 - 2 中国与欧美国家气候传播研究状况对比

气候传播研究　　国别	欧美国家	中国
开始时间	20 世纪 80 年代	21 世纪初
研究起源	气候变化真实性辩论	联合国气候变化谈判
基本态度	气候变化是环境问题 关注减排	气候变化是发展问题 同时关注减排和适应
研究定位	环境传播	气候传播
研究框架	媒体内容和话语框架分析、公众认知、策略分析	媒体内容及话语框架分析、传播主体角色及策略分析、公众认知
研究方法	定量分析为主,定性分析为辅	定性分析为主,定量分析为辅
研究代表	耶鲁大学气候传播项目	中国气候传播项目中心

资料来源：笔者自制。

第三章　双层博弈：中国气候传播
　　　　　与治理的分析框架

　　双层博弈理论强调每个国家的领导人同时下两盘棋，一个棋盘是国际谈判桌，对手是其他国家的谈判代表；另一个棋盘是国内谈判桌，要平衡不同利益集团的利益，获取最大的获胜集合。同时，双层博弈还强调要从内外互动的视角进行分析，而不是国际和国内因素的简单叠加。

　　近年来，中国的全球影响力逐年提升，在全球气候治理中发挥着越来越重要且关键的作用。中国如何应对气候变化，关系到中国经济社会发展全局，也关系到全球气候治理的成败。只有统筹考虑国际国内因素，才能更好地发挥中国应有的作用，推动国际气候治理的发展。作为气候治理的策略工具，气候传播研究也应有双层次分析的框架意识，在双层博弈理论指导下理解气候治理的逻辑，才能更准确地进行信息传递，构建国家形象。

　　本章重点分析中国应对气候变化工作的双层博弈动因、博弈对象，为后面几个章节的研究明确分析框架。

第一节　中国应对气候变化的双层博弈动因分析

　　双层博弈理论强调国际和国内两个层面并非孤立，而是相互作用的。联合国气候谈判的主要参与者是各主权国家。国家是国际气候立法的基本法律主体，国际气候治理机制中的主要原则、规范、规则和决策程序的确立主要是通过主权国家间的谈判、妥协、承诺和认可才得以实现（葛汉文，2005：72－76）。各主权国家的态度和政策对国际气候立法的有效性和权威性发挥着至关重要的作用。国际气候治理机制的所有政策要在国家层面得以执行和落实，才能保证国际机制的正常运作。到目前为止，国家仍是全球气候治理的最主要行为体。

根据双层博弈理论，国际问题在国内层面可以找到根源。中国国内发展的实际需要推动中国积极参与全球气候治理。同时，国内问题也可以在国际层面找到动因。中国在国内高度重视气候变化应对工作，是国际气候规制国内化的制度压力使然，而且，在一定程度上加速了国内应对气候变化的进程。

一　国际问题的国内根源

首先，中国是气候变化的直接受害者。

国家在国际博弈中通过各种方式寻求自身利益最大化。一个国家受到气候变化的影响越大，就越愿意参与到全球气候治理中。国家气象局的报告显示，中国受季风影响明显，气候种类复杂繁多且稳定性差。加上中国地域辽阔，不同地区有不同的气候，表现出很大的差异性。从20世纪中叶开始，中国受气候变化的影响日趋显著，变暖幅度是全球平均幅度的两倍。干旱、洪涝等极端天气气候事件日趋增多。2015年11月20日，科技部发布《第三次气候变化国家评估报告》，报告显示1909年以来我国气候变暖速率高于全球平均值，每百年升温0.9～1.5℃。1980～2012年，中国沿海海平面上升速率为每年2.9毫米，高于全球平均速率。20世纪70年代至21世纪初，中国冰川面积退缩约10.1%，冻土面积减少约18.6%。未来，中国区域气温将继续上升。到21世纪末，可能增温1.3～5℃，暴雨、强风暴潮、大范围干旱等极端事件发生的频次和强度增加，洪涝灾害的强度呈上升趋势，海平面将继续上升。

　　长期的观察发现，气候变化对中国粮食安全的总体影响呈不利趋势。气候变化对水资源造成影响，可利用的水资源供需紧张。气候变化还破坏了生态系统的稳定性，导致水土流失、生态退化、物种迁移。最近两年在全国范围内出现的雾霾天气虽然不是气候变化直接造成的，但气候变化会降低大气环境容量，不利于污染物扩散，在一定程度上成为雾霾多发的"帮凶"。中国气候传播项目中心 2017 年的全国调研数据显示，七成以上的中国公众认同，气候变化与空气污染互相影响，有协同性。

　　预估显示，进一步的增暖将主要产生不利影响，我国自然灾害风险等级处于全球较高水平，对气候变化敏感性高，其不利影响呈现向经济社会系统深入的显著趋势。

　　中国是气候变化的直接受害者，积极参与全球气候治理，可以学习国际社会应对气候变化的先进经验，用于国内的应对工作。

　　其次，中国需要为自己争取发展空间。

　　在《联合国气候变化框架公约》及后续国际法规框架和协议的制定过程中，贯穿气候谈判的核心问题是全球应对气候变化与各国经济社会发展之间的矛盾。

　　传统化石能源在生产和消费的过程中排放大量温室气体，直接导致全球变暖。不可否认，从发达国家的发展路径来看，传统化石能源的生产和消费可以为国家经济社会的发展注入强大动力。中国处于新型城镇化阶段，面临着工业化与转移排放、能源结构调整等问题。中国在建筑、交通等领域大规模开展基础设施建设，技术低效率将导致能源消费的低效率。在一定时间内，以煤炭为主的化石能源仍是中国的主要能源。中国作为世界工厂的情况短期内也不会改变。发达国家将重污染的工厂开在中国，也将大量温室气体排放转移到中国。

　　虽然中国已经成为全球第二大经济体，进入社会主义新阶段，但仍面临着发展不充分、不平衡的问题。中国的城乡差异问题比较突出。在大力推进城镇化的进程中，城镇居民人均能源消费水平比农村居民高出近两倍，城镇化进程必然导致能源消费的快速增长。国家统计局发布的最新数据显示，2017 年末，全国农村贫困人口 3046 万人。贫困人群是气候变化最直接的受害者。贫困人口产生的温室气体最少，但在极端天气气候灾害面前的脆弱性最高，受到的影响也最大。研究显示，在中国，生态脆弱区、贫困地区和气候脆弱区高度重合（乐施会、绿色和平、中国农业科学院，2009）。气候变化进一步增加了中国开展环境保护和减贫工作的难度。

正是因为存在这些现实问题，中国需要积极参与国际气候谈判，在国际制度的构建和演进过程中保证自己的发展空间。

最后，中国要争取全球气候治理规则制定权。

中国在全球气候治理进程中的机遇不同于参与其他国际制度。相对经济等领域的全球治理进程，全球气候治理时间短，机制还在构建中，需要国际社会共同努力来完善，中国在其中有很大的发挥作用的空间，争取在这个相对新的治理领域掌握规则制定权，不但可以保证中国更平等地参与全球气候治理，其经验也将对其他治理领域有参考价值。

二　国内问题的国际根源

国际气候规制对各缔约国在国内层面应对气候变化的目标和义务做了规定，明确规定了发达国家减排指标的具体比例。接受国际气候规制的各缔约国要在国内层面采取干预措施，以回应国际层面要求。国际气候规制国内化是指国际气候规制进入国内层面的过程，一般而言，最初会遇到抵制，在制度压力下国家需要调整内部结构，适应国际规制的进入，直至将国际规制完全融入国内机制中，成为国家机器的一部分。

首先，制度压力和利益认知的共同作用是国际规制国内化的前提条件。中国在国际国内两个层面都有明显的制度压力。一方面，中国要降低温室气体排放，在国内会受到经济发展的压力和来自地方的阻力，需要引入国际规制加压。另一方面，全球气候治理的格局在重组，对中国也会形成压力。除了压力，动力来自国际气候制度中设计的激励机制。清洁发展机制、碳交易和联合履约三个机制为相关国家提供了物质和社会双层面的刺激。这些激励机制也激起中国对国际气候制度的利益认知，意识到参与国际气候机制的进程不但有利于其国际形象的改善，还可以通过清洁发展机制等获得实实在在的收益。

此外，中国特有的国内结构是国际规制国内化的必要保证。国内结构是国际规制进入一个国家的通道。中国的国内结构是国家主导型，一旦国际规制得到政府的支持，通道就能迅速打开。2009 年的联合国哥本哈根气候谈判结束后，中国政府感受到空前的国际压力，也更加清醒地认识到主动应对气候变化的重要性。在这个认知基础上，国内通道迅速打开，并且国内结构又进一步助推国际气候机制在中国完成国内化。中国政府对应对气候变化的重视程度迅速提升，在全球气候治理中发挥了越来越重要的作用。

第二节　中国应对气候变化的双层博弈对象分析

一　国际层面的博弈对象

气候变化是全人类共同面对的挑战，没有一个国家可以独善其身。有效地应对气候变化，既符合国家利益，也符合全人类共同利益，需要世界各国密切合作、共同努力。在应对气候变化问题上，不同国家间有高度的关联性，单一国家层面的探讨不能满足气候变化的全球挑战。因此，建立高效的国际气候治理机制是应对全球气候挑战的必然之选。

国际机制是"在国际关系一个既定的领域内由行为体预期所聚合的一套原则、规范、规则以及决策程序"（Krasner，1983：2）。在全球气候治理领域，《联合国气候变化框架公约》和《京都议定书》具有里程碑式意义，国际气候治理机制由此初步确立。此后，历年的缔约方会议（俗称国际气候谈判或全球气候会议）均是各缔约国围绕国际气候治理机制的具体内容展开的讨论和博弈。

双层博弈理论强调，为了保持执政地位，国家政府在国际层面会极力争取本国获利最大化、损失最小化。在国际气候谈判中，中国面临着来自发达国家和发展中国家两方面的国际压力。

其中，中国与发达国家的分歧主要集中在谁应承担减排责任的问题上。《联合国气候变化框架公约》要求各缔约方在"共同但有区别的责任"原则基础上，从全人类及其后代的共同利益出发，积极保护地球气候系统，共同应对气候变化的挑战。中国一直以来坚持公约原则，强调发达国家在工业革命时期的能源消耗带来大量温室气体排放，是造成气候变化的主要原因。发达国家应该承担气候变化的主要责任。发展中国家是气候变化的受害者。中国作为发展中国家一员，不应承担任何减排义务。而发达国家则认为，中国已经是全球第一排放大国，应该更加积极地应对气候变化，承担具有约束力的减排义务。

中国与发展中国家的关系随着谈判的深入而不断发生微妙变化。中国在谈判中要积极维护发展中国家的团结，还要处理好发展中国家之间的关系。以小岛国家联盟和最不发达国家为例，因为气候变化直接关系到小岛国家和最不发达国家的存亡，小岛国家和最不发达国家要求国际社会减排的诉求最为迫切。虽然中国还是发展中国家，但中国也是全球第一大排放国。考虑到自身的处境，在谈判焦点问题上，受气候变化直接冲击关系到存亡的国家与相对有一定应对时间的国家会表现出明显的态度分歧。

除了国家间的意见分歧会加大中国的谈判压力外，还有一个之前被忽略的博弈对象，即国际非政府组织。国际非政府组织在国际气候谈判中发挥着独立第三方监督的作用，主张保护脆弱国家、保护环境、维护气候正义，可以在主权国家的谈判场内外对气候谈判施加影响。中国在近几年的气候谈判中快速积累了与国际非政府组织打交道的经验，开始有意识地研究国际非政府组织，提出有效的合作策略，把中国面临的这个不确定因素变为支持中国的确定因素。

二　国内层面的博弈对象

双层博弈理论强调国内层面的博弈，认为各利益集团通过施压迫使决策者采取对其有利的政策。在以美国为代表的西方国家，国内棋盘的对面坐着的是各个政党、国会议员、机构代言人、利益集团代表等。在中国，改革开放四十年，随着市场化的发展，中国社会中的利益开始出现分化，发育出不同的利益集团。国内层面博弈对象开始出现。把握好国内博弈对象的底线，能更准确预测国际谈判的趋势。

首先，中央政府机构内部有部门利益的博弈，跨部门协调能力仍有待提高。气候变化工作最早由气象部门主管，因为其相对弱势，很难调动其他部门的参与，不同部委对应对气候变化工作的重视程度也有很大差别。随着国家对气候变化问题的重视，转由拥有能源政策决策权的国家发展与改革委员会负责。2007 年以来气候变化问题升温，引起高层领导人的重视，专门成立了由国务院总理带队、18 个部委参与的领导小组统一协调相关工作，办公室设在国家发展和改革委员会。各部委对气候变化工作的重视也提升到新的高度。但是当应对气候变化的具体任务涉及部门利益时，仍会遇到一些抵触。2018 年 3 月 13 日，国务院机构改革方案提请十三届全国人大一次会议审议，国家发改委的应对气候变化和减排职责被划入新组建的生态环境部，新部门的运行成效有待检验。职能整合后，原有的跨部门协调难题预计会得到一定缓解。

其次是中央政府和地方的博弈。在应对气候变化问题上，中央政府相继出台了一系列法律法规加大减排力度。这些战略意图在落实的过程中会遇到来自地方的阻力。

最后是政府与企业之间的博弈。企业，尤其是高排放企业是减缓气候变化的最大潜力拥有者。但企业的天性是谋求利益最大化，减缓气候变化与快速谋求利益短期来看是矛盾的。政府制定政策时要从企业的角度出发，充分考虑企业的能动性，才能使这场博弈达到双赢的局面。

三 获胜集合在国内层面的适应性修订

双层博弈理论强调国内层面的重要性，侧重国内层面的获胜集合。获胜集合特指在美国等有选举制的西方国家，选民能支持的国际气候协议的集合可能。中国国内气候变化决策机制与美国有很大不同。中国的气候政策最高决策是来自跨部门的协调小组。在国家主导、自上而下的决策机制面前，中央政府坚定减排决心，完善激励和补偿机制，在国内层面的博弈对手将转化为应对气候变化最大的获胜集合。

第四章 利益相关者分析（2009～2015年）

第一节 利益相关者的界定与分类

一 利益相关者的界定

双层博弈强调国际和国内的双层次互动，研究气候传播与治理时，首先明确每一个层次的基本分析单位，即识别关键利益相关者。

西方对利益相关者最早的界定出自斯坦福研究院。斯坦福研究院认为利益相关者是关乎组织生存的团体。费里曼的定义更强调利益相关者对组织目标实现的影响。世界银行在1996年对公共治理领域的"利益相关者"做了界定，认为特指那些"结果会对其产生正面或负面影响，或可以通过干预影响结果的个人或群体"（World Bank，1996）。以世界银行为例，其利益相关者包括借款人（如各国、区域及地方政府等）、直接受影响的个人或群体（如贫穷和不发达地区的人或社区）、间接受影响的个人或群体（如非政府组织、私营部门）及世行自身的管理层、员工和股东等。具体到气候变化领域的利益相关者，一种观点认为，可界定为那些受变化影响并有意愿、责任或能力应对它的个人或群体（Keskitalo，2004：425－435）。

结合上述几种界定方式，笔者将气候传播的利益相关者界定为受气候变化影响，并对治理和传播的过程及效果产生影响的个体或群体，包括各国政策制定者、科学研究者、国际机构和非政府组织、企业、媒体、相关行业的实践者，以及广义的公众（特别是生态脆弱地区的贫困群众）等，主要判断标准是其在气候传播与治理中国际、国内双层面的共时参与度。

二　分类方法

界定利益相关者并不意味着把握了其特性，因为可能把"有极不相同要求和目标的相互交接的群体混在一起"。（多纳德逊、邓非，2011）。虽然问题的解决离不开全体利益相关者的支持，但不同利益相关者的贡献不同，还应该对利益相关者进行分类。在西方学者对利益相关者的分类研究中，多维细分法和米切尔评分法影响最深远。

多维细分法强调利益相关者不同维度的特性差异。有的学者选择所有权、经济依赖性和社会利益作为差异维度进行研究。有的将利益相关者分成直接和间接两类。还有的以与企业之间是否有交易性合同关系为维度，把利益相关者分为契约型和公众型。

20 世纪 90 年代后期，美国学者米切尔提出以合法性、权力性、紧急性为指标的评分法，根据分值高低确定某一个体或群体是不是以及是哪一类利益相关者。合法性，指某一群体是否被赋予法律上的、道义上的或者特定的对于企业的索取权；权力性，即某一群体是否拥有影响企业决策的地位、能力和相应的手段；紧急性，即某一群体的要求能否立即引起企业管理层的关注。判断是不是企业的利益相关者，要看是否至少符合其中一个指标。对三个指标进行评分后，利益相关者可以被分为确定型、预期型和潜在型三类。这三类之间是动态转化的，根据指标的变动，随时可能转化为另一种类型。评分法的提出使利益相关者分类具备更大的可操作性，方便了理论在实践层面的落地，成为该领域应用度最高的分类方法。

本书将评分法引入 2009 ~ 2015 年气候传播的利益相关者分析，并结合中国气候传播在国际、国内两个层次的特点对评分法进行补充和修订，增加了一个新的指标——相关性，使这种分类法在具体议题上更具适应性。

相关性，是指该利益相关者与气候传播目标的关系，有正相关和负相关之分。正相关者，指有基本的价值目标认同，通过调整和适应，能够形成达致目标的合力；负相关者，指在价值目标认定上有潜在分歧，可能成为达致目标的阻力。调整和适应的过程，涉及与其他利益相关者的利益纠结，相关性指标也是能够反映不同利益相关者之间利益关系的关键指标。

气候传播的终极目标是气候变化问题的解决。气候变化是人类面对的前所未有的挑战，要解决气候变化问题，研究气候传播与治理的第一步就要把对这个目标高度认同、资源优势互补的利益相关者找出来，通过调整和适应放大其正相关性，从而降低在两个层次的博弈成本，赢得最大获胜集合。

第二节　国际层面的利益相关者

国际层面的气候传播最主要的舞台是每年举行的联合国气候谈判，即联合国气候大会。《联合国气候变化框架公约》是国际气候谈判的总体框架，于1992年在巴西里约热内卢举行的联合国环境与发展大会上获得通过，是第一个应对全球变化的国际公约。此后，每年都有几轮国际气候谈判，以年底的谈判为关键节点，到目前已经持续20多年。

国际气候谈判的参与国家和组织众多，议题涵盖气候治理中的减缓、适应、资金、技术等专业议题，是国际社会讨论全球气候治理的专业平台。2009年哥本哈根气候谈判的议题非常重要，谈判过程充满戏剧性，引发全球范围的高度关注，专业的气候谈判由此被拉进普通公众的视野。通过对哥本哈根谈判及后续谈判进展及相关气候变化信息的传播，全球公众加深了对气候变化的认知，国际气候谈判成为国际层面传播气候变化的主要平台，参与谈判的各方也直接或间接参与到气候传播的过程中。因此，本文在国际层面的研究主要围绕国际气候谈判展开。

在米切尔评分法的基础上，结合气候传播与治理的特点，本书选取合法性、权力性、紧急性、相关性四个指标展开研究。

一　合法性

合法性，指被赋予特定的对气候谈判的参与权，并在参与谈判的过程中有传播相关信息的意愿。

根据联合国对参会人员的界定，联合国气候谈判重点邀请政府代表、独立的第三方监督机构和媒体三类成员参与。其中，单个国家政府是气候谈判的主要参与者，是国际气候规制的基本法律主体。不同国家政府通过协商、妥协、博弈、批准等环节，形成国际气候规制的主要原则、规范和决策程序。中国政府作为主权国家参与国际气候谈判，同时也是国际气候立法的法律主体之一，中国的态度极大地影响着国际气候立法的有效性与权威性。中国参与国际气候谈判的政府代表团由不同部门的政府官员和专家智囊组成，其声音是气候传播信息的主要来源，合法性是最高的。

独立的第三方监督机构特指包括国际机构、高校等科研机构及民间团体等在内的各类非政府组织。以哥本哈根气候谈判为例，参与的非政府组织近3万人，占总注册人数的2/3。非政府组织有国际非政府组织和本土非政府组织两类。其中，国际非政府组织参加了包括《联合国气候变化框架公约》和《京都议定书》等在内的重要国际气候框架和协议的起草及后续的修订。因为参与时间长，国际非政府组织积累了丰富经验，谈判的态度积极，参与方式灵活，工作手法丰富多样。通过频繁的正式或非正式磋商，对国际气候协议的内容进行补充和完善，监督和推动谈判进程。从合法性的角度而言，国际非政府组织可以获得较高的评分。

近年来，中国本土关注气候变化的非政府组织开始参与到应对气候变化的工作中，但与国际非政府组织相比，在国际舞台上，本土非政府组织的跨国活动能力有限，对谈判主体的影响力有限，现阶段具有道义上的合法性。

从哥本哈根谈判开始，媒体一直是气候谈判的主要参与者。通过采访政府代表团、国际机构、非政府组织等获取相关信息，媒体可以把谈判进程第一时间传播出去，引导舆论，进而影响谈判进程。在合法性上，媒体的参与虽没有被写入国际法，但其身份得到谈判协调方联合国和各国政府在一定程度上的承认。

二　权力性

权力性，是指拥有气候传播的信息和/或渠道的群体拥有影响谈判主体决策的地位、能力和相应的手段。主权国家的政府本身就是谈判主体，其权力性毋庸置疑。

气候变化是国际非政府组织参与的全球治理议题中最有效果的领域之一。一方面，气候变化领域中的国际非政府组织发挥压力团体的作用，通过影响公众舆论，达到直接或间接地向政策网络和团体施压的目的。另一方面，它们整理科学信息，并将这些信息传播给决策者和公众，有助于气候变化领域共识的达成。凭借在专业领域的知识和积累，国际非政府组织参与气候谈判并成为国际气候治理进程中不可或缺的行为体。国际非政府组织可以与不同层次的行为体结成广泛的网络，在不同国家之间发挥监督、牵制、斡旋和协调的作用，拥有不同于主权国家的软力量。从这个角度来说，其权力性要大于除政府外的其他利益相关者。但是，国际非政府组织相比政府而言缺乏对政治经济资源的足够支配权，面对气候治理所涉及的复杂利益关系，其力量尚不足以对谈判主体产生直接的影响。本土非政府组织因为专业性和国际活动能力无法与国际非政府组织相比，权力性相对较弱。

媒体的报道虽不能直接影响谈判主体的决策，但也是谈判主体做决定时要考量的因素之一。如果媒体的报道内容重要，涉及谈判主体的利益，也会立即引起谈判主体的关注。通过引导公众舆论，媒体也能影响谈判主体的决策方向。所以，媒体的权力性也相对较高。不过，到目前为止，在国际气候谈判的舞台上，国内媒体的国际影响力还不能与国际媒体相比，其权力性相对弱于国际媒体。

三 紧急性

紧急性，是指拥有气候传播信息和渠道的某一群体的要求立即引起谈判主体的关注。作为谈判主体本身，政府的紧急性是最高的。

非政府组织在谈判现场会向各政府代表团提出各种诉求，如果诉求与该国的谈判目标一致，采纳后能加速谈判目标的达成，会立即引起谈判主体的关注。如果诉求与谈判目标关系不大或无关，则不会有反响。所以，其紧急性取决于诉求的内容，是动态的。

媒体是气候谈判期间信息流通的主要渠道，其转达的诉求引起谈判主体关注，取决于诉求本身，这一点与非政府组织相同。

需要强调的是，气候传播的过程强调信息的专业性，科学家的参与在气候传播的过程中尤为重要。国际气候谈判开展的前提是基于对气候变化趋势的科学预测。为了做到这一点，联合国专门成立气候变化专家委员会，各国政府也有各自的科学支持团队。在国际气候谈判的舞台上，科学家也非常活跃。但是，科学家并不以独立的身份出现在国际谈判舞台上。一部分科学家被邀请进政府代表团，以政府智囊的身份出现，另一部分则参与到不同的第三方监督机构代表团中。所以，在国际层面的利益相关者分析中，笔者没有把科学家作为独立的利益相关者来分析，而是根据其在谈判中的身份，分别归属到政府代表团和第三方监督机构中。

四 相关性

相关性，是指该利益相关者与气候传播目标的关系，有正相关和负相关之分。正相关者，指有基本的价值目标认同，通过调整和适应，能够形成达致目标的合力；负相关者，指在价值目标认定上有潜在分歧，可能成为达致目标的阻力。

中国气候传播在国际层面的目标是帮助中国建设性参与全球气候治理。正如前文所述，政府是主权国家的法律代表，是国际气候谈判的主要参与者和推动者。中国政府从1990年国际气候谈判进程正式启动就全程参与，在国际气候机制的推进上发挥着越来越关键的作用，是气候谈判的正相关者。

在中国的体制环境下，中国媒体与政府的行动一致性较高，也是气候谈判的正相关者。在目前阶段，在这一点上有类似处境的还有中国本土非政府组织。

国际非政府组织在推动国际气候机制形成的目标上是明确的正相关者。在中国开展气候变化工作的国际非政府组织更了解中国的实际困难和贡献，当国际社会对中国有不切实际的期待时，这些国际非政府组织可以发挥缓冲功能，属于中国气候传播的正相关者。同时，因为国际非政府组织自身的定位是治理进程的监督者，如果中国政府的做法有失国际标准，国际非政府组织也会对其进行批评。

国际媒体在现阶段对中国的了解还比较有限，从过往谈判的国际媒体报道表现来看，国际媒体对中国的报道以批判性话语居多。在相关性上有待争取。

国际气候谈判的现场一般由谈判主会场和边会现场组成，边会的作用是推动国际社会气候变化知识和经验的交流。相关的政府、非政府组织和媒体的主舞台是谈判主会场。在边会现场，还有一些企业和公众代表参与其中。因为不直接参与谈判，相比政府、媒体和非政府组织，2009～2015年，企业和公众代表在国际层面的合法性、权力性、紧急性和相关性上相对较弱。

通过上述分析可以得出结论，政府、在中国开展气候变化类工作的国际非政府组织和国际媒体是中国在国际层面开展气候传播的确定型利益相关者，即核心利益相关者。中国媒体和本土非政府组织有合法性和权力性的基础，随着其专业水平的提升，能在影响谈判主体上有更多发挥空间，是预期型利益相关者。而企业和公众具备道义上的合法性，属于潜在的利益相关者（详见表4-1）。

需要强调的是，如前所述，本文将国际层面利益相关者锁定在国际气候谈判的参与者范围内，在全球范围的气候变化传播中，企业和公众一样具有气候传播的高合法性。

表4-1 中国气候传播与治理在国际谈判中的利益相关者分析

利益相关者类型及名称		合法性	权力性	紧急性	相关性
确定型利益相关者	政府（包括科学家代表）	高	高	高	正
	国际非政府组织	高	高	中	正/负
	国际媒体	高	高	中	正/负
预期型利益相关者	中国媒体	高	中	中	正
	本土非政府组织	高	中	中	正/负
潜在的利益相关者	企业	低	低	低	低
	公众	低	低	低	低

资料来源：笔者自制。

第三节　国内层面的利益相关者分析

国内层面的气候传播，指在国内传播气候变化的最新知识，并通过传递国际谈判压力、相关科学和政策信息来推动各方采取更积极的应对气候变化行动，达致治理目标。

在国内层面，传播气候变化知识是应对气候变化的关键一步，参与应对气候变化的利益相关者同时也是气候传播的利益相关者，包括不同级别的政府、参与气候变化研究的科学家、国际或本土非政府组织、媒体、企业及城市和农村中受气候变化影响的公众等。

根据国内层面的利益相关者的实际情况，笔者对米切尔评分法也做了相应修订。

一　合法性

合法性，指群体具有特定的应对和传播气候变化的参与权。

中央政府制定和发布国家层面的气候变化政策，不同级别的政府部门根据国家气候变化政策的要求制定地方执行细节。在法律和道义上，政府部门都具有应对和传播气候变化的参与权，在合法性上毋庸置疑。

参与气候变化研究的科学家（泛指科研工作者和包括课题组、科研院所等在内的科学团队）是开展相关气候变化研究的主体，为政府政策和非政府组织的倡导提供科学支持，也是媒体进行气候传播的重要信息源，有较高的合法性。

媒体有不同的分类方法，按照报道区域可以分为中央媒体和地方媒体，按照运作方式可分为官方媒体和市场类媒体等，按照报道内容又有不同主题类的专业媒体。在国内层面应对和传播气候变化工作中，各种类型的媒体都非常重要，对气候变化议题有不同关注度。这些媒体在气候传播中都有道义上的合法性。

国际非政府组织在国际层面的主要倡导手法是动员公众参与和行动，借助舆论向政策制定者及其相关网络施压，推动改变。鉴于国内的政策环境和气候变化的复杂性，直接施压的倡导方式在中国国内的开展空间不大，直接模仿可能适得其反，影响国际非政府组织在中国的整体工作。在中国开展气候变化工作的国际非政府组织在了解国情的基础上，对各自的工作策略做出不同程度调整，寻求适应国情基础上的合作。鉴于此，在中国开展气候变化工作的国际非政府组织也具有道义上的合法性。

本土非政府组织在国际谈判的层面上发挥的空间有限，在中国国内，由于体制原因其活动也受到非常大的限制，但在气候变化与环境治理领域，今天的非政府组织是非常活跃的。在气候变化领域，2009年以来开展气候变化相关工作的本土非政府组织逐渐有了一定的工作空间，开始主动发挥作用。定位本土化使其研究和倡导工作与在中国开展气候变化类的国际非政府组织形成互补，逐渐得到政府的认可，拥有一定的合法性。

与国际层面的边缘参与不同，企业和公众在国内层面的气候传播中发挥着重要作用。企业，尤其是大的化石能源企业或高排放企业，是国内减排的主要贡献方，有特定的气候变化应对和传播的参与权和合法性。气候变化的应对和传播需要全社会公众的共同参与。在气候传播中，公众也有法律和道义上的合法性。

二　权力性

权力性，指拥有气候传播的信息和渠道的群体拥有影响政策制定者决策的能力。

中央政府本身就是国家政策制定者，拥有最大的权力性。地方政府的权力性与其行政级别成正比，呈由高到低的趋势。

参与气候变化研究的科学家在国内也是政府智囊团的主要成员。为了保证国家应对气候变化领导小组的决策科学性，专门成立了国家气候变化专家委员会，其成员涵盖了来自气候变化科学、经济、生态、林业、农业、能源、地质、交通、建筑以及国际关系等领域的专家。专家委员会的主要职责是就气候变化的相关科学问题及中国应对气候变化的长远战略、重大政策提出咨询意见和建议。从这个角度看，科学家的权力性远高于政府以外的其他利益相关者。

媒体在国内层面是气候传播的主要渠道，政府是其主要的信息来源之一。同时，媒体也可以测试某一项政策的公众反馈，相对而言，媒体拥有较大的权力性。

在中国开展气候变化工作的国际非政府组织具备气候变化领域的专业性，通过开展在地项目试点搜集整理案例、提交研究报告、政策倡导等手段影响政策制定的过程，有一定的权力性。相比而言，本土非政府组织在气候变化领域的专业性不断提升，但影响政策的能力和手段及影响力仍相对有限，权力性相对较弱。

三　紧急性

紧急性，指拥有气候传播的信息和渠道的群体的要求立即引起决策者的关注和回应。

在国内层面，中央政府的紧急性最高。地方政府根据其行政级别的高低，紧急性也由高到低。

气候变化相关的科学家，尤其是进入政府视野的智囊团，其要求或建议能立即引起政策制定者的关注，合理的建议马上会被采纳，紧急性也排在前列。

媒体通过采访将社会各界不同的声音和诉求反映出来，有些合理的建议在被政府看到后也会有跟进的安排，紧急性虽不及政府和科学家，但排在其他利益相关者之前。

国际非政府组织是全球治理的积极参与者，其对一个国家气候变化政策的诉求与气候治理的进度有密切的关系。政策制定者对这类诉求会有考虑国内实际情况的适度回应。

本土非政府组织、企业和公众因为专业性和影响力有限，直接影响政策制定者的能力有限。

四　相关性

相关性，是指该利益相关者与气候传播目标的关系，与国际层面同样有正相关和负相关之分。

气候传播在国内层面的目标是推动国际气候机制国内化和调动公众参与应对气候变化。这两点正是中央政府现阶段大力倡导的，其相关性是最明确的。科学家、媒体、非政府组织在这两个目标上也是正相关者。

地方政府因为有保护地方利益的考虑，2009年前后对于减排等应对气候变化的重要举措有所保留，相应地，相关性上也有所保留。值得注意的是，随着中央政府的减排决心越来越明确，这方面的施政信号也快速传递到地方政府，将地方争取成正相关者只是时间问题。

相对来说，高排放企业是国内层面最主要的博弈对手，对减排有较大排斥，相关性最弱。但只要中央政府立下减排决心并完善相关激励机制，国内所有的博弈对手都能转化为积极合作的正相关者。

在上述分析的基础上可以看出，在国内层面，所有利益相关者都有高合法性，拥有气候变化应对与传播的参与权。其中，政府、科学家和媒体是中国在国内层面开展气候传播的确定型利益相关者，即核心利益相关者。在中国开展气候变化类工作的国际非政府组织和本土非政府组织权力性和紧急性相对较弱，是预期型利益相关者。而企业和公众只具备合法性，权力性和紧急性都弱，属于潜在的利益相关者（详见表4-2）。

表4-2　国内层面的利益相关者分析

利益相关者类型及名称			合法性	权力性	紧急性	相关性
确定型利益相关者	政府	中央政府	高	高	高	正
		地方政府	高	高到低	高到低	正/负
	科学家		高	高	高	正
	媒体		高	高	高	正
预期型利益相关者	在中国开展气候变化类工作的国际非政府组织		高	中	中	正
	本土非政府组织		高	中	低	正
潜在的利益相关者	公众		高	低	低	正
	企业		高	低	低	正/负

资料来源：笔者自制。

第四节　双层次三大利益相关者：政府、媒体、非政府组织

双层博弈框架强调国际和国内的双层次互动，在这个框架下研究气候传播与治理，首先要明确每一个层次上的基本分析单位。

通过分析中国气候传播现阶段在国际和国内两个层面的利益相关者可以发现，中央政府在国际和国内两个层面的排序均为最高，可见其在气候变化应对与传播中的角色最关键，影响力最大，是中国开展气候传播工作最核心的利益相关者。

国际层面，中央政府、国际媒体和国际非政府组织在合法性、权力性和紧急性三个属性上的排序相对靠前，是确定型利益相关者，本土非政府组织和国内媒体在国际谈判中的权力性和紧急性略低，是预期型利益相关者。公众和企业是潜在利益相关者。

国内层面，中央政府、地方政府、科学家和媒体是确定型利益相关者，非政府组织是预期型利益相关者，企业和公众在追踪研究的2009～2015年是潜在利益相关者。

考虑中国开展气候传播与治理的双层次工作目标和利益相关者分析，笔者将中央政府、国内媒体和非政府组织锁定为2009年到2015年间中国在国际、国内双层次开展气候传播与治理的关键利益相关方，并将在下一个章节通过大量案例对政府、媒体和非政府组织进行实证研究，考察三者在2009～2015年气候传播与治理中的角色和策略转变（详见表4－3）。

表4－3 双层次三大利益相关者分析

类型	层次	合法性	权力性	紧急性	相关性
中央政府	国际	高	高	高	正
	国内	高	高	高	正
中国媒体	国际	高	中	中	正
	国内	高	高	高	正
国际非政府组织	国际	高	高	中	正/负
	国内	高	中	中	正

资料来源：笔者自制。

第五章 实证研究：三大利益相关者双层次追踪分析（2009～2015年）

本书尝试构建的是在国际、国内双层次对三大利益相关者进行追踪分析的"双层多维"研究空间，之前两章分别论述了双层博弈的研究框架和三大利益相关者识别，本章将以2009～2015年为一个时间段，通过实证分析和追踪研究，评估中央政府、中国媒体和国际/本土非政府组织（本章在表述中分别简称为政府、媒体和非政府组织）在国际、国内两个层面气候传播策略的转变。气候传播是气候治理的策略工具，六年传播策略转变背后反映的是有中国特色的气候治理之路。

选择2009年哥本哈根谈判作为研究的起点，除了谈判议题的重要性外，还因为这次谈判在中国开展气候传播和治理的历史上具有特殊意义。

2007年的巴厘岛气候大会吸引了将近11000名参会者，其中3500名政府官员，超过5800名来自联合国机构政府间和非政府组织的代表以及将近1500名媒体人员。2008年在波兹南举办的联合国气候变化大会参会人员近9300人。而2009年的哥本哈根气候变化大会史无前例地吸引了250000名代表参会。在国际气候谈判舞台上通过各种形式利用各种渠道进行气候传播，使气候变化和联合国气候大会前所未有地为全世界所关注。相比之前的会议，哥本哈根气候大会是中国政府、媒体、非政府组织在国际气候谈判舞台上的第一次集体亮相。

哥本哈根谈判一波三折，极具冲突性和戏剧性，集中反映了国际气候谈判的复杂性和艰巨性。哥本哈根谈判后，应对气候变化问题逐渐被提升到国家战略层面，在加大节能减排力度、有效控制温室气体排放方面做出了一系列重大决策和部署，形成了应对气候变化要统筹好国际、国内两个大局的共识。政府、媒体和非政府组织在哥本哈根大会后一方面继续跟进后续谈判，一方面积极推进国内的应对工作。2015年《巴黎协定》的达成，是多方共同努力的结果。

第一节　中国政府角色及策略转变的追踪研究

一　中国政府在联合国哥本哈根气候大会的角色与策略

192个国家的环境部长、超过85个国家元首或政府首脑参与了2009年的哥本哈根谈判，超过了以往任何一次国际议题谈判的规模，足可见世界各国政府对这次会议的重视程度。2009年的哥本哈根谈判中，中国政府代表团是由多个部委代表及国内科学家组成的豪华阵容，除了履行谈判主体的角色外，还是信息发布的主体。

1. 谈判主体

《联合国气候变化框架公约》和《京都议定书》均对各缔约国应对气候变化目标和任务做了界定，明确了国家作为以《公约》为原则的全球气候治理主体的关键参与者地位。参与国际气候谈判的代表团主要由政府代表组成。政府是国内政策的制定方和实施方，是国际谈判的主体。

为了推动哥本哈根谈判达成有效的国际协议，中国政府表现出参与各领域全球治理以来前所未有的主动性。与以往在国际谈判中的被动防御相比，中国政府在哥本哈根谈判中的表现有了长足进步。

在参加哥本哈根气候大会之前，中国政府主动向世界宣布了未来十多年为应对气候变化将采取的国家行动目标。中国政府派出包括来自国家发改委、外交部、财政部、科技部、环境部、气象局等相关部委逾百人的谈判代表团前往哥本哈根，还包括一个由相关研究机构组成的 50 多人的法制团队。这是中国国际谈判史上规模最大的谈判阵容。

在哥本哈根气候谈判的过程中，国家发改委在代表团中发挥组织协调作用，并与外交部在谈判内容上进行分工协作，气象局、财政部、科技部、环保部、林业部等部门也参与其中。另外，由国内气候领域十几个著名科学家组成的团队也在谈判之外的边会上着力宣传政府的立场。

谈判第一周，中国代表团以明确的语言指出，中国已经提出的自主行动目标是不容谈判的，回绝了发达国家试图迫使中国承担超出其责任和能力的义务的意图，有效地维护了中国以及其他发展中国家的发展权和发展空间。

谈判第二周，时任国务院总理温家宝亲自出席大会，在短短的三天时间里展开频繁的气候外交，会见来自发达国家和发展中国家的多国领导人，积极同各方深入交换意见，缩小分歧，促进共识。在会议的最后阶段，越来越多的人担心会议可能因无法取得任何结果而以失败告终。紧急关头，温家宝总理不辞辛苦，昼夜工作，最终同有关国家领导人一起就谈判中的核心问题达成共识，为避免大会无果而终做出贡献。

温总理到场代表中国政府高层出面斡旋，使中国政府代表团对谈判的结果有了较高的期待和信心。事实证明，中国政府对谈判局势做出的乐观预估，低估了博弈对象的能力。

这次谈判中，发展中国家阵容分歧加大，基础四国还没有形成足够的国际影响力，有盟友潜力的国际非政府组织对中国突然表现的积极性持欢迎态度，但同时持有谨慎的观望态度，作为关键利益相关者在相关性上保持中立。美国和欧盟不甘于被中国抢走谈判主导权，强调中国与个别国家讨论出的协议并不能代表全体缔约国的意见，并通过国际媒体释放信号，暗示中方在搞小动作。

哥本哈根谈判的规模和规格超出之前的历次谈判，加上气候谈判本身的复杂性，参与谈判的 192 个缔约国普遍选择坚守上限，挤压妥协和协商空间，不愿意在本国利益上做出任何让步。最终这次谈判没有达到预期的效果，只是签署了一份没有法律约束力的协议，远不能满足国际社会的期待。

英国《卫报》第一时间发表了一篇自称谈判代表的人撰写的文章"I Am in a Room"，用第一人称描述在会场内观察到的"真相"，指责中国等少数国家"劫持"哥本哈根谈判。美国顺势将哥本哈根谈判没有达成法律文件的责任推到中国头上。中国政府代表团对这种谈判场内的风云突变猝不及防，而此时温总理作为最高决策层的核心人物已经结束斡旋回到国内。在一定程度上，当时的中国政府代表团处于决策真空期，不能及时回应突发的变故。《卫报》记者在2010年初接受访谈时也提到这一点："中国政府做一个决定，似乎所有国家都必须同意，当其他国家都不同意或者情况发生突然转变的时候，他们就不知道该如何决策，需要请示高层"①。

碍于当时自上而下的决策体制束缚，中国代表团没能第一时间澄清国际社会的误解，连续48小时保持沉默，错过了最佳发声机会。中国被贴上"哥本哈根谈判的劫持者"的负面标签，国际形象受到严重冲击。

2. 信息发布主体

中国政府代表团全程参与谈判，对谈判进展最有发言权，承担着信息发布主体的角色。《中外对话》记者回忆，2007年的巴厘岛气候谈判期间，"中国几乎没有任何宣传，只有一个展台，摆放一个简单的中式英语的小册子，没有工作人员。记者主动找到官员，强烈要求开新闻发布会，最后才开了一个，还不允许外媒参加"②。相比两年前的表现，中国政府代表团在哥本哈根高峰谈判会场内专门设立了新闻与交流中心，定期在这里召开发布会，展示国内发展成就，并就最新的谈判进展做出回应。

2009年12月7日下午，中国政府在新闻与交流中心召开面向中国

① 来源于2010年笔者参与设计的利益相关者访谈。
② 来源于2010年笔者参与设计的利益相关者访谈中对《中外对话》记者的访谈记录。

记者的第一次媒体吹风会。中国政府代表团团长解振华重申中国政府的立场。12 月 8 日下午，代表团副团长苏伟在同一地点对谈判进展的情况做了基本介绍并接受了中外记者的提问。据多次参与气候谈判的国际观察人士介绍，中国政府代表团此前从未组织过同时向外国媒体开放的发布会，这是气候谈判历史上的第一次。

有信心直面国际媒体的问询，是中国政府在气候传播上迈出的关键一步。此后几次不定期的新闻发布会陆续在新闻与交流中心召开，由政府代表团成员或专家针对当时不同的热点问题与中外媒体进行沟通。中国政府代表团团长解振华和副团长苏伟在各场合的新闻发布会上严厉批评少数发达国家有违《公约》和《议定书》的做法。这种主动出击使中国新闻与交流中心迅速成为各国媒体关注的焦点。

在哥本哈根会议期间，中国政府代表团新闻发言人在新闻发布会上采用的沟通和表达的方式与技巧比较灵活，产生了良好的影响。

例如谈判中，欧盟和美国借承诺向发展中国家提供部分资金为由要求中国有更多"表示"，在 12 月 8 日的新闻发布会上，中国政府代表团副团长苏伟借用基本常识进行反击：2010～2013 年，发达国家表示愿意每年支付 100 亿美元用于帮助贫穷国家应付气候变化，但按照发展中国家的人口平摊，每人只能得到 2 美元，"在哥本哈根连买杯咖啡都不够"①。

12 月 10 日上午，美国代表托德·斯特恩在发言中拒绝向中国提供气候资金支持。当天下午的发布会上，西方媒体追问中国政府的态度，苏伟不卑不亢、有礼有节地回答："首先，我对托德先生非常尊敬，我和托德先生也是好朋友。对于中国能否得到气候资金支持的问题不是由某个缔约方一家说了算。作为缔约方，他的钱想怎么花就怎么花，只要不违背道德和《公约》的规定。如果放到《公约》框架下，发达国家是有义务向发展中国家提供资金技术支持，帮助发展中国家减缓和适应气候变化的。"发言结束前，苏伟还使用了西式的幽默同托德·斯特恩

①　来源于笔者在新闻发布会现场的会议记录。

开了个玩笑："当然，我也很同情托德刚下飞机就要接受记者访问。托德，你辛苦了！"这样精彩的回答不但化解了现场浓烈的"火药味"，还表现出中国的大国心胸与姿态，为中国代表团赢得了支持的掌声。

还需要指出的一个细节是在最初两天的发布会上，中国政府代表团没有通过大会公开发布公告，只是通过给参会的中国记者发邮件的形式进行小范围通知，限制国际媒体的参与。而后续有关中国新闻与交流中心举行新闻发布会的信息在大会官网的时间安排表上可以提前一天查到。可见，中国政府在行进中探索，在探索中尝试，面对中外媒体的自信心和开放度有明显提升。

但是，通过对包括《21世纪经济报道》《中国日报》《财经》《第一财经日报》《中外对话》和英国《卫报》在内的参加这次谈判的媒体的访谈发现，受行政制度和思维惯性的影响，中国政府的信息发布仍存在一些明显的问题。

首先是信息发布形式僵化。《财经》记者曹海丽的感受是，"新闻发布会一共30分钟，官员自己发言就占了25分钟，留给记者提问的时间很少，是一种灌输式的发言，缺少信息交换的互动"[①]。而且，中国新闻与交流中心场地容量有限，限制了参与媒体的数量。新闻发布会也没有网络直播，不能及时有效地将中国的态度传递给通过网络关注会议进程的受众。笔者就在现场看到不少记者被拦截在新闻与交流中心外，只能通过把耳朵贴在墙上或站在高处将录音话筒伸入室内等方式了解官方发布的内容。接受访谈的《21世纪经济报道》编辑左志坚表示，相比其他国家多元化的信息发布，中国政府仍停留在召开新闻发布会这一最常规的信息发布渠道上，没有其他与记者沟通的平台，"缺少多元策略，工作不够细致"，"缺少其他国家政府常用的'Off the Record和Background'"[②]。

---

① 来源于2010年笔者主持设计的利益相关者访谈中对《财经》记者的访谈记录。

② 来源于2010年笔者主持设计的利益相关者访谈中对《21世纪经济报道》记者的访谈记录。Off the Record是指不录音采访，可以给记者提供一些内幕信息，记者对信息源做匿名处理。Background指将采访素材作为背景材料插入新闻稿。

其次是发布内容缺少吸引力。从双层博弈的角度来看，在国际层面为了争取发展权和生存空间来看，应该强调国内的现实困难，比如中国的贫困与生态脆弱、减排与发展的矛盾等，但受国内正面宣传风格固化的影响，中国政府代表团为了树立中国正面积极的国际形象，回避发布问题和挑战类信息。在哥本哈根，中国政府沿袭当时在国内召开发布会的风格，展示成就，不提存在的困难和问题，"给人不真实的感觉"，发布的内容对国际媒体缺少吸引力。《卫报》记者表示："参加中国的发布会是很矛盾的，这是中国对外交流的唯一平台，参加了听到的大多是没有信息含量的话，但不参加连交流的可能也没有"①。

最后是传播预案不充分。中国政府在前十天的表现可圈可点，但在谈判结束前遭受误解的情况下，因为超出预期而没有准备相应的预案，中国政府取消了原定的新闻发布会。这直接导致中国政府、媒体集体失声，成为国际舆论指责的对象。

3. 行政管理者

政府、媒体、非政府组织是参与国际谈判的主要利益相关者，在全球气候治理中有共同的价值目标，属于正相关者。但中国政府在哥本哈根谈判时还没有把媒体和非政府组织作为利益相关者看待，而是沿袭当时国内管理风格，严控媒体报道，没有重视非政府组织存在。

在与国内媒体的合作上，中国政府代表团通过在关键节点给媒体发新闻稿、安排报道议程等方式管理媒体的报道内容。这类方法的可取之处在于可以帮助对气候谈判还不太熟悉的中国媒体跟上谈判进程，不至于出现太大的报道失误，但也导致媒体报道同质化、缺少深度分析等问题，在报道质量上无法与国际同行竞争。尤其是面对国际媒体在谈判结束时的挑衅，习惯了信息源依赖的中国媒体只能集体失语。英国《卫报》的文章将哥本哈根失败的原因直指中国等少数国家。这种论断超出中国代表团的预期，内部紧急回应机制出现空白，又因缺少与其他非

---

① 来源于 2010 年笔者主持设计的利益相关者访谈中对《卫报》记者的访谈记录。

国家行为体的信息交换渠道，无法像之前那样给在场的国内媒体设定报道定位、及时给媒体发通告或关键点提示。在这种政府指令缺位的情况下，国内媒体面对挑衅出现集体失语。在国际社会看来，中国默认了《卫报》的报道。两天后，新华社被授权发表署名文章《青山遮不住，毕竟东流去——温家宝总理出席哥本哈根气候变化会议纪实》，但已错过最佳回应时机，对扭转国际社会对中国的负面印象成效不大。而且，文章标题引用古诗，国际社会并不能理解其中的深意，加上写作风格陈旧保守，传递的信息无法被国际社会准确接收。

在与非政府组织的合作上，中国政府代表团在哥本哈根谈判期间没有意识到非政府组织在全球治理中日渐凸显的作用，缺少对非政府组织在国际层面的贡献和作用的深入研究，选择主动屏蔽非政府组织发出的相关信息，不做任何主动接触，失去了在关键时刻协调互动的可能。

综上所述，在角色上，谈判主体和信息主体的角色定位本身没有问题，但自上而下的管理者的角色限制了彼时中国政府在国际舞台的表现，也限制了利益相关者之间的合作，使中国陷入被动。

在策略方面，受到当时国内决策机制和惯性管理思路的牵制，决策授权机制不灵活，对国际层面的博弈对手了解不充分，对谈判结果缺少多角度情景分析。

从双层博弈的视角来看，国际、国内两个层面的博弈各有特点，相应的策略也各不相同，不能盲目照搬或套用。中国政府在国内层面的管理经验不适用于国际气候谈判，不能将国内策略直接套用于国际棋局。

二　追踪研究：中国政府的策略转变

哥本哈根谈判的教训刺激中国政府对谈判和合作策略进行深刻反思。从哥本哈根到巴黎，政府仍然是谈判主体、信息发布主体，在策略上却发生了明显转变。政府对"行政管理者"这一角色和相应的策略也进行了反思后的调整。

1. 灵活开放的谈判主体

《公约》强调，发达国家应该为气候变化承担主要责任，率先履行减排义务。发展中国家现阶段以发展为主，可根据能力进行自愿减排。公约规定的"共同但有区别的责任"的原则是中国政府在过去六年参与国际气候谈判的底线，即要求发达国家率先减缓温室气体排放，中国在成为中等发达国家前不承诺强制减排。在坚持底线的基础上，中国政府的谈判态度更加灵活开放。

首先，争取关键博弈对象支持。

哥本哈根谈判时，中国政府与各博弈对象保持常规的沟通，虽然温家宝总理在谈判第二周赶到现场进行斡旋对中国来说是历史性突破，但斡旋的对象还是以发展中国家为主，没有重视与美国、欧盟国家等有影响力和主导权的关键博弈对象的沟通，导致在谈判结束时遭到误解和指责。有了哥本哈根的教训，中国政府开始认真研究各谈判对手的谈判立场和策略，努力与关键博弈对象建立战略合作关系，赢取国际舆论制高点。最典型的例子是 2014 年 11 月 12 日，中美两国利用时任美国总统奥巴马访华的时机，在北京共同发表《中美气候变化联合声明》，借由这个声明，中美两国公布了各自的减排计划。其中，美国承诺 2020 年后将把碳减排速度提高一倍，从平均每年的 1.2% 提高到 2.3% ~ 2.8%，到 2030 年将比 2005 年减少排放 26% ~ 28%。中国正式宣布，在 2030 年左右实现碳排放峰值，而后逐年开始下降。根据计划，到 2030 年，非化石燃料在中国能源的占比将达到 20%。中美两国的联合声明是中美两国元首第一次公开宣布两国在 2020 年后的应对气候变化行动。中美两国每年的碳排放总量和能源消费总量接近世界的二分之一、经济总量占世界的三分之一、人口占世界的四分之一、贸易额占世界的五分之一。这两个国家的联手表态对于推动全球减排有非常积极的示范作用，对于推动国际气候机制的进程发挥了关键作用。

其次，放弃零和博弈，营造合作空间。

零和博弈，指在博弈过程中，博弈双方一方获胜得益，必有一方失败受损，两者中和的结果是零，没有合作共赢的可能。全球气候治理是为全人类共同利益而开展的共同治理，强调合作共赢，属于典型的非零和博弈。如果参与博弈的各方都为各自的利益不做妥协、必争胜负，国际气候机制就无法有效推进。全球气候治理短期来看各方都要付出一定牺牲，长期来看各方都有受益。在认清这一点的基础上，中国政府逐渐放弃零和博弈思路，积极营造合作空间。

2011年签署的"德班增强行动平台"是单轨谈判，虽然中国政府一直坚持"双轨制"谈判，但中国政府在坚持"共同但有区别的责任"的公约原则下积极推进德班平台的落实。以谈判中的资金和技术议题为例，中国最初坚持发达国家必须向发展中国家提供资金和技术援助，在经过进一步研究后，转而呼吁建立双赢的技术推广机制和互利技术合作。中国还身体力行地积极推进应对气候变化方面的南南合作，为发展中国家提供资金、技术、产品和培训支持，打造气候变化南南合作促进平台。2015年9月的中美第二次联合声明中，中国将对南南合作的资金支持力度提高到31亿美元。在联合国巴黎气候大会的开幕致辞中，国家主席习近平向国际社会表达了放弃零和博弈的态度，进一步解释了31亿美元的具体用途，让中国在第一周的资金谈判议题中赢得有利局面。

最后，博弈策略积极转型。

减缓和适应是气候变化的两个核心问题，要应对气候变化挑战，减缓温室气体排放和适应气候变化带来的影响同样重要。对受气候变化影响的发展中国家来说，适应气候变化比减缓更重要，这也是中国参与国际气候谈判的国内根源。国际气候机制是由发达国家发起的，一直以来对减排的重视多于适应。哥本哈根谈判后，中国一改在谈判主题上的被动尾随，由单纯强调减排转为同时强调包括减缓和适应在内的相关主题。

2. 策略多元的信息发布主体

首先，发布渠道更多元，形式更灵活。

哥本哈根谈判期间，中国政府只有新闻发布会这种常规的发布渠道，发言人的讲话以灌输式发言居多，在一定程度上制约了信息传播效果。在认真反思哥本哈根的教训后，中国政府在信息发布渠道和发布形式上表现得更加灵活。

从 2011 年开始，中国政府在代表团驻地开辟"中国角"，作为信息发布固定平台。当年组织 23 场系列活动，通过论坛、新闻发布会、研讨会、展览等形式，展示中国在低碳发展、气候融资、企业行动、民间节能等方面的努力。参加活动的代表来自各级政府、非政府组织、企业和研究机构，不少外国专家也上台演讲，活动主题内容丰富，吸引了谈判代表和记者关注。想了解中国最新应对气候变化的政策或行动的国际记者只需要关注场内散发的"中国角"活动安排，就能及时参与相关活动。

回顾"中国角"设立后的边会主题设定可以发现，随着政府对气候变化问题认识的加深，"中国角"边会的主题也越来越丰富。2011年，"气候传播与公众参与"成为边会的主题之一。2014 年，"中国角"第一次举办"气候融资"主题边会。2015 年，"中国角"设立 4 年来第一次举办"气候变化与农村发展"主题边会。从这个角度可以看出，通过"中国角"这个窗口，中国政府向国际社会展示了中国对气候变化问题理解的加深。

除了作为正式信息发布的平台，中国政府还尝试将"中国角"打造成传播中国软实力的平台。2012 年多哈"中国角"准备了中国扇等特色礼品，2014 年的秘鲁利马"中国角"在装饰风格上直接借鉴了徽派建筑、水墨山水和南方翠竹等古朴清秀的中国元素。利马"中国角"内还专门设计了一个古香古色的门厅，让来参加"中国角"的各国代表有一个休息并体验中国文化的区域。这些中国元素的嵌入给气候大会现场注入一股清风，增加了中国政府的亲和力。

此外，中国政府也更加注意发布形式的多样化。哥本哈根会议期间，中国政府的信息发布主要是通过新闻发布会、新闻稿等常规方式，政府官员在私下场合不愿意多谈。在反思哥本哈根的教训后，中国政府代表团在这方面有了明显转变。比如，代表团的办公室向记者敞开，与记者的沟通更直接。记者有问题可以随时到办公室了解政府态度。科学家们将自己清楚定位为谈判专业知识的普及者和解惑者，不但随时准备接受记者采访，还主动找媒体澄清相关问题。

其次，及时发声，抢占谈判话语权。

在哥本哈根的被动失利，使中国政府意识到及时发声的重要性。2011年德班谈判期间，国际舆论有很多关于基础四国"正在分裂"、"意见产生严重分歧"的传言。12月6日，"基础四国"联合召开部长级新闻发布会，中国主动回应："基础四国很团结，在应对气候变化问题上，四国都是负责任的，都在采取积极行动，而且已经取得成效"（俞岚、周锐，2011）。德班谈判结束前，谈判出现崩盘颓势。中国政府代表团团长解振华通过大会发言强烈指责发达国家不履行应有的义务："一些国家，我们不是看你们说什么，我们是在看你们做什么。一些国家已经做出承诺，但并没有落实承诺，并没有兑现承诺，并没有采取真正的行动。"随后，解振华逐步提高声调接连发出质问："讲大幅度率先减排，减了吗？要对发展中国家提供资金和技术，你们提供了吗？讲了20年到现在并没有兑现。我们是发展中国家，我们要发展，我们要消除贫困，我们要保护环境，该做的我们都做了，我们已经做的，你们还没有做到，你们有什么资格在这里讲这些道理？"解振华主任的发言赢得发展中国家代表的一致称道，其发言视频在视频网站上广泛流传。

2013年起，一批新的谈判代表成长起来，以苏伟为代表的第一批谈判代表逐渐退到幕后。年轻的谈判代表都能使用流利的英文，可以在谈判现场及时发声，加上资历较深的代表在谈判内容上提供指导，中国在争取谈判话语权上的能力进一步提升。

3. 尝试合作的管理者

非政府组织，尤其是国际非政府组织的工作人员除了有工作热情和创新的激情，还有技术、知识专长，还能够以较为随意和亲民的方式将中国的态度和行为传递给西方公众，促进中西方交流，成为公共外交的主要推动力。

哥本哈根谈判前，政府对非政府组织没有足够重视，没有发挥非政府组织，尤其是国际非政府组织的关键利益相关方作用。哥本哈根谈判让政府注意到国际非政府组织在全球气候治理舞台上的重要角色。在国际层面，中国政府尝试与非政府组织开始沟通合作。

合作的第一次尝试是 2010 年 10 月在天津举办的联合国阶段性气候谈判。谈判间隙，中国代表团团长解振华不但走访了非政府组织设在会场外的展台，还约见了 21 家非政府组织的代表，对非政府组织的作用做出肯定，围绕谈判议题进行了交流。

之后，类似的沟通成为常态。每次谈判前代表团会分别邀请非政府组织和媒体见面，就中国的立场、国际舆论分析、谈判形式预测等问题交换意见。从德班谈判开始，中国政府代表团派代表参加非政府组织的边会。例如，中国政府代表团首席谈判代表苏伟就多次在国际非政府组织乐施会和中国人民大学合办的气候传播与公众参与边会上做主旨发言。非政府组织还受邀参加"中国角"系列边会。从 2012 年到 2014 年，连续三年的"中国角"活动中都有非政府组织专场。中国本土非政府组织和在中国开展气候变化工作的国际非政府组织代表在边会上介绍自己的工作，与外国同行和政府代表进行交流。2015 年，"中国角"的各边会发言嘉宾名单中都有来自非政府组织的代表。可见政府与非政府组织在气候变化议题上已经建立起基本的共识。

三 国内层面的政府策略转变

判断国际气候规制国内化有认知变化、制度改革、立法支持和政策实践四项指标。过去六年，中国在国际层面感受到的压力成了在国内层面开展应对气候变化工作的动力，国际气候制度在中国产生了较高程度的内化。相应地，在全球气候治理的进程中，中国由被动参与者变成积极合笔者，中国政府成为国际气候规制的倡导者和传播者。

1. 气候变化上升为国家战略

中国政府对应对气候变化工作的重视是一个渐进的过程，存在从认知到行动的转变。从2010年对政府官员的访谈中可以看到，哥本哈根谈判前中央政府内部对气候变化问题的认识还有分歧，一些政府官员认为"气候变化是西方国家为了限制中国发展而制造的阴谋"。有的官员甚至认为"低碳经济是不适合中国国情的举措"[①]。

随着气候变化在全球的关注度升温及中国自身的经济实力增强，中央政府逐渐认识到粗放型发展模式的弊端和资源环境的现实压力。要实现可持续发展的战略目标，中国需要转变发展模式，实现低碳转型。低碳是相对"高碳"的定义，是应对气候变化背景下的新词汇。低碳转型要求放弃原来高排放、高污染、高能耗的生产方式，选择新能源和可再生能源作为替代。这种转型不但有利于中国实现可持续发展目标，还有利于中国在全球气候治理上发挥主导作用。在这种高层共识的推动下，应对气候变化被写入诸多中央文件，通过自上而下的传达唤起全国范围对低碳和减排的重视。

应对气候变化需要同时重视减缓和适应两方面的工作。对于发展中国家来说，适应比减缓更迫切。随着气候变化知识的普及和国内科研水平的提升，中国受气候变化影响的事实被反复证明。《国家适应气候变化战略》的撰写工作被提上日程。经过两年的打磨，2013年，中国颁布第一份《国家适应气候变化战略》。适应气候变化被写入国家"十二五"规划，显示出中国对适应问题的高度重视。

2014年，中国政府对气候变化问题的重视上了一个新台阶。中国颁布《国家应对气候变化规划（2014～2020年）》，明确了应对气候变化的战略意义。2014年11月发表的《中美气候变化联合声明》，是中美两国在应对气候变化领域中合作的重大标志性成果。在这份声明中，气候变化不再是"人类面临的最大挑战之一"，而是被描述为"人类面

---

① 来源于2010年笔者主持设计的利益相关者访谈中对政府代表的访谈记录。

临的最大威胁"，将气候变化的重要性和紧迫性提升到最高层面。而且，联合声明中还将气候变化与国家安全和国际安全联系在一起，显示出应对气候变化已经具有特殊战略意义。

2. 支持媒体工作

正如之前的分析，哥本哈根谈判中，中国政府沿袭当时在国内的风格，对媒体采取的是家长式的管理方式。谈判中，中国政府也观察到如果媒体有一定灵活空间，可以对推进谈判发挥积极作用，这也促使中国政府反思自己与媒体打交道的方式。在哥本哈根谈判结束后对政府代表的访谈中，有的代表就反思为了避免再次出现哥本哈根谈判的被动，"让媒体发挥自己的职业敏感性，抓住传播的最佳时机"①。

过去几年，中国政府在处理媒体事务上越来越灵活，经验越来越丰富，能够运用数据和事实阐述其观点和立场。为了提升记者的专业性，相关政府部门还定期举办相关主题的培训。2014 年，国家发改委、林业局、气象局联手中国气候传播项目中心共同举办了 4 次"媒体课堂"。这 4 次媒体课堂举办的时间均安排在与气候变化相关的重要事件前，如 4 月的植树节、6 月的低碳日、9 月的纽约峰会及 12 月的联合国利马气候谈判。主办单位利用这些重要时间节点，在培训中交流与气候变化有关的专业知识。尤其是利马谈判前的一场，由中国代表团主讲，强调国际压力及国内发展的矛盾，帮助记者厘清报道思路。这样的安排从短效来看可以为记者提供更有针对性的报道素材，从长效来看可以提升记者的专业水平。而且，与以往的媒体培训不同，主办方这次采用的"媒体课堂"，打破以往灌输式的教育模式，更多地采用平等交流的方式。

此外，相关政府部门还主动组织媒体实地采访，深入了解中国受气候变化影响的情况。"应对气候变化·记录中国"活动是中国气象局发起组织的气候变化实地考察与科普宣传活动，自 2010 年以来先后在青

---

① 来源于 2010 年笔者主持设计的利益相关者访谈中对政府代表的访谈记录。

海三江源、内蒙古阿拉善盟、江西鄱阳湖、广西红水河流域、广东沿海城市、湖南洞庭湖、内蒙古锡林郭勒、甘肃河西走廊、陕西秦岭等地进行考察。考察团从气象科学研究和媒介传播的综合视角，走访受气候变化影响的典型区域，验证多年来的气候变化观测与研究成果，并深入实地采访各地政府和企业在应对气候变化过程中采取的积极举措。

3. 与非政府组织合作动员公众参与

按照双层博弈理论，国际和国内两个层面互相影响。在国际层面，国际非政府组织的关键利益相关方角色被中国政府认知，从天津会议起双方开始摸索合作路径，在日趋频繁的交流中，政府加深了对国际非政府组织的认识，国际非政府组织也更加理解中国的实际困难。尤其是随着中国的崛起，政府对全球治理的重要性有了新的认识，可持续发展成为中国政府认同的目标。经过几年的磨合，在共同目标的指引下，国际非政府组织由中国政府潜在的博弈对象转变为志同道合的合作伙伴。

随着在国际层面对非政府组织作用的认识加深，在国内层面，政府与非政府组织的合作也逐渐展开。

在调动公众参与方面，非政府组织有天然的优势。从使命的角度来看，非政府组织是为了推动实现全人类的可持续发展。从工作方法的角度来看，非政府组织主要通过动员公众，营造舆论，达到目标。应对气候变化需要公众的参与和行动，行动的前提是认知。为了提升公众对气候变化和低碳发展的认知，鼓励更多公众参与和行动，落实减排任务，中国自2013年起专门设立"全国低碳日"，与世界自然基金会、美国环保协会、自然之友等非政府组织合作，组织各种主题宣传活动。最近两年，随着公众气候变化认知的提升，低碳日活动的目标也逐渐转向公众参与。2015年全国低碳日的活动主题是"低碳城市、宜居可持续"，借助国际非政府组织和本土非政府组织的各自优势在全国范围进行宣传，并提供具有操作性的行动建议，鼓励公众参与行动。

考虑到非政府组织与公众的天然联系和网络优势，在政府推进气候变化立法的讨论工作中，非政府组织代表被邀请加入多轮讨论，提供政策建议。

<h1 style="text-align:center">第二节　中国媒体角色及策略转变的
追踪研究</h1>

双层博弈理论强调决策者面对的是国际、国内两个博弈场，在两个博弈场的互动中，媒体发挥着关键的信息传递作用。国际层面，媒体的任务是及时准确传递中国在行动的信息、故事，减少因沟通不畅造成的曲解，推动中国为全球气候治理做出更有建设性的贡献。

国内层面，媒体适度传递中国政府在国际博弈场上面临的压力，传播应对气候变化的紧迫性、重要性及具体行动点，可以助推国际气候机制国内化进程。同时，可以提升公众意识，激发更多应对气候变化的实际行动，推动国内形成最大获胜集合，为中国参与国际谈判增加更多筹码。

一　中国媒体在联合国哥本哈根气候大会的角色及策略

议题重要、规格和规模都创历史新高的联合国哥本哈根气候大会吸引了全球近万名记者扎堆来到哥本哈根。其中，一半记者在会前成功注册进入会场报道谈判进展，另一半记者散布在哥本哈根的街头巷尾，捕捉与气候变化和谈判有关的信息。媒体的高度关注和频繁报道让这次谈判和哥本哈根这座城市一起成为全球公众谈论的焦点。而媒体的表现也成为社会舆论的焦点之一。大多数中国媒体第一次参与国际气候谈判报道，专业储备不足，勉强承担信息传播者的角色。相比之下，国际媒体在角色的定位和传播策略上更加灵活，发挥了谈判助推者的作用。

1. 信息传播者

无论是国际还是国内层面，信息传播者是媒体的基本角色定位。多数中国媒体都是第一次参与国际气候谈判。为了发挥好信息传播者的作用，中国媒体在出发前做了不同程度的准备。比如学习气候变化的相关科学知识、了解气候谈判的历史、谈判议题和中国的主要谈判对手等。其中，《财经》和《21世纪经济报道》的准备相对充分。

以《财经》为例，一线报道团队由四名记者组成。其中，三名分别负责跟进欧美代表团、中国代表团和非政府组织发布的最新消息，还有一名记者负责外围随机采访。虽然从分工来看，基本可以做到及时跟进关键谈判代表的发言，并且灵活抓取突发新闻。而且，为了弥补《财经》作为杂志的时效性不足问题，《财经》还和腾讯网展开合作，《财经》记者在为撰写杂志特稿积累素材的同时，把采访到的时效性强的消息提供给腾讯网，借助网络平台发布。

考虑到哥本哈根和北京有几个小时的时差，为了保证及时发稿，《21世纪经济报道》外派的报道团队中除了四名记者还安排了一名编辑。这名编辑在会场内的新闻中心工作，随时将记者采访的稿件进行后期处理，并负责与国内对接，保证了新闻时效性。同时，《21世纪经济报道》在当时已经采取编辑负责制，由编辑给记者分派选题。编辑在一线"可以保证议程设置和选题分配的合理性"①。

除了上述两家，据笔者现场观察，新华社、《第一财经日报》和《中国日报》也做了相应的准备。但和自20世纪80年代就跟进气候变化及气候谈判议题的国际同行相比，国内媒体除了个别参加过2007年的巴厘岛谈判外，普遍对气候变化议题缺少关注，缺少关于气候谈判的长时间专业积累，还没有这个领域的专业记者。

中国媒体事前虽然做了准备，但与实际需要相比远远不够。从对谈判议题的把握来看，虽然提前熟悉了谈判可能涉及的内容，但国际气候谈判的议题强调历史连续性、延展性和系统性，大多数中国媒体对议题

---

① 来源于2010年笔者主持设计的利益相关者访谈中对《21世纪经济报道》记者的访谈记录。

只能做到单维度把握，没有深入理解和辨析的能力。从议程设置来看，因为积累不够、准备不足，中国媒体缺少对谈判进程的独立判断能力，在议程设置上过度依赖政府代表团的引导。从报道内容来看，无法专业跟进谈判的中国媒体采写了大量场外花絮。从报道受众的角度分析，面向国际和国内两个层面的报道内容没有根据两个层面受众的需求来区分，内容同质化严重，无法实现气候传播双层次的目标。因为上述原因，当中国代表团的应急机制出现问题不能对国际舆论做出反应时，在场的中国媒体集体失声。作为信息传播者，中国媒体在哥本哈根的表现整体被动，没有产生太多国际影响力，在帮助中国树立大国形象和传递国际压力两个方面没有做出应有的贡献。

2. 谈判助推器

哥本哈根谈判有两个关键节点：一是丹麦秘密文本提前泄露，一是前文所述谈判结束时积极斡旋的中国反被指责为谈判的劫持者。这两个节点的引爆都与英国《卫报》有密切关系。丹麦文本是主席国丹麦提前准备的一份文本，希望通过谈判桌下的磋商，对协议细节进行沟通，促成国际协议的达成。丹麦文本的核心内容是减排指标的分配，要求发展中国家承担强制减排义务，没有遵守"共同但有区别的责任"原则。丹麦文本在谈判第二周被泄露给《卫报》记者，报道出来后马上引起发展中国家的强烈不满。在舆论压力下，主席国丹麦不得不取消丹麦文本的磋商。《卫报》的这次报道在一定程度上帮助发展中国家免于被动。而谈判结束后第一时间，同是《卫报》发表署名文章，将国际舆论压力引到中国等发展中国家身上。

从《卫报》对两次节点事件的快速反应可以看出，《卫报》记者在气候谈判报道上积累较多，专业性较高，反应迅速，站在独立立场上助推谈判进展。如果说，媒体及时报道谈判进展，借助气候谈判的关注度普及气候变化知识，是媒体的基本角色，那么，建立在专业性和独立性基础上的谈判助推器就是媒体可以进一步发挥作用的角色。只是中国媒体当时对于这个角色还比较陌生，需要更多地积累和学习。

二　追踪研究：媒体的策略转变

在哥本哈根谈判结束后的六年中，随着政府对气候变化越来越重视，中国媒体在气候报道的质量上有明显改观，更明确了信息传播者的角色定位，调整了相应的策略，并有意识地向国际同行学习，努力向谈判助推者的角色靠近。

1. 信息传播者策略灵活

首先，准备更充分。哥本哈根谈判前，媒体的准备只是对议题的扫盲。有了哥本哈根的教训，媒体意识到出行前认真准备的重要性。除了政府组织的行前培训，每次谈判前，新浪、搜狐、腾讯等网络媒体轮流搭建平台，协同三大利益相关者共同商讨准备策略。

其次，准备更立体。2015年，网易组织20多人的"有态度"媒体团参加9月的纽约联合国大会，提前熟悉联合国会议的历史、形式和内容，为年底的巴黎谈判报道热身。巴黎谈判期间，网易和中国青年应对气候变化行动网络合作，带领中国青年团到巴黎谈判进行现场报道，还组织前往巴黎政治学院面向在校大学生开展生动的演讲，传播气候变化，提升认知。

最后，定位更清晰。因为有了哥本哈根谈判的经验和教训，中国媒体在参与后续气候谈判时会根据自身的条件决定是否参加及如何参与。过去几年中，参与国际气候谈判的媒体组成基本固定，除了政府出面邀请的官方媒体，自己注册参加的媒体以市场类媒体、地方媒体和网络媒体为主，比例逐渐稳定，总数保持在15家左右。

因为中国政府在与媒体合作上更加灵活，调整了信息发布形式和内容，媒体掌握相应的气候变化和谈判的基础知识后，议程设置能力有所增强。

在面向国际层面，负责对外传播的中国媒体主要是新华社、《中国日报》、中新社、中央电视台国际频道四家。国际舆论在气候谈判期间容易被强势话语垄断，包括中国在内的发展中国家很难争取到公平发声的机会。这一方面是因为国际媒体对中国的了解不全面，比如有学者跟踪研究 *Times* 杂志关于中国的封面，90%以上都存在负面映射。中国媒体要尽快成长，主动发声，提升对国际舆论的引导能力，才能帮助中国更好地参与气候治理。在认识到上述问题的前提下，有外宣任务的媒体在气候传播中尝试更灵活的表现，多渠道地获取信息，包括借助国际非政府组织作为独立第三方来发表评论，让报道呈现不同的声音。在中国开展气候变化工作的国际非政府组织认同中国在应对气候变化上的贡献，又清楚国际社会对中国误解的症结在哪里，不但发声效果要比中国政府好，在澄清误解上也能达到更好的效果。

在面向国内层面，哥本哈根谈判后，中国媒体也有意识地调整报道策略，注意将国际压力传导回国内推动国内应对气候变化的深入开展。纵观过去六年的气候谈判类报道可以发现，花絮类、八卦类内容明显减少。关于气候谈判的专业分析和评论的比重加大，并且注意与国内的政策走势结合。即使是网络媒体，也更加注重内容的整合。

2. 助推器能力提升

在哥本哈根谈判中，中国媒体还不胜任助推器的角色。之后几年，负责国际传播的新华社、《中国日报》和中新社主动向国际同行学习，本着客观真实的报道立场，推动谈判朝向公平公正的方向发展。

在这一点上，近年来表现较为突出的是《中国日报》。2012年多哈谈判期间，《中国日报》记者蓝澜的多篇报道被 UNFCCC 官网转载，使中国在谈判中的声音借用影响力更大的平台传播出去。2015年5月21日，《中国日报》受邀加入国际气候变化报道联盟，并成为创始成员。该联盟由英国《卫报》、西班牙《国家报》、阿根廷《号角报》三家报纸的总编辑倡议建立，全球25家国际媒体受邀成为创始成员，开放各自在该领域内的新闻报道资源，为国际谈判取得积极而均衡的成果做好充分、客观、公正的报道。《中国日报》是第一家受邀加入的中国媒体，可见其表现得到了国际同行的认可。

虽然有了明显进步，中国媒体在国际气候谈判上的整体报道水平仍有待进一步提高，特别是要在专业化上多下功夫。一个突出的问题是中国传统媒体人员流动较大，在一定程度上影响了中国媒体气候传播的内容深度。

三　国内层面的媒体策略转变

哥本哈根谈判对于中国媒体在国际和国内双层次的气候报道来说都是一道分水岭。2009年前，气候变化没有被政府提升到重要议程中，政府出台的应对气候变化的相关政策不多。媒体记者缺少对气候变化问题的理性认识，报道更多停留在八卦的层面，或者是在外媒译稿基础上的发挥。2009年后，媒体在国内层面的报道策略出现了相应的变化。

1. 报道立场趋于客观

哥本哈根谈判前，媒体在国内层面的气候变化报道上没有专业经验，报道数量少，报道立场不确定，随意性强。比较典型的是夸大气候变化带来的自然灾害的影响，或者为了博人眼球而采用恐怖诉求的表达。从一定意义上讲，哥本哈根谈判成了国内记者的"速成班"，在气候变化的报道上，国内媒体更趋客观。

国内媒体的这种转变在联合国政府间气候变化专门委员会（IPCC）的两次突发事件中表现得比较明显。2009年11月，作为全球气候变化研究的代表性机构，英国东英吉利大学气候研究中心遭到黑客入侵，和气候变化研究相关的电子邮件及文件被盗取，并发布在气象科学家网站上。被曝光的内容显示，气候数据可能被科学家修改，以支持全球变暖的论点。这家研究中心是IPCC第四次评估报告的数据提供方，直接关系到全球应对气候变化政策的制定。"气候门"事件让气候变化怀疑论复苏。事件发生后，英国方面进行了认真调查，指出曝光的内容并不足以推翻全球变暖的结论。美国国家气候资料中心和戈达德空间研究所的数据也进一步支撑了近百年全球地表温度具有升高趋势的结论。对于这一事件，国内媒体多以"看笑话"的心态转发国际媒体的报道，一边倒地支持气候变化怀疑论，几乎没有一家媒体采访气候变化支持者的声音。

哥本哈根谈判后，政府和媒体在气候变化真实性上达成共识。中国媒体在国内对气候变化的报道水平也有了改观。2010年初英国媒体披露，IPCC第四次评估报告中提到的气候变化对亚马逊雨林产生威胁的相关数据来自没有正式发表的报告。继"气候门"之后，IPCC又陷入了"亚马逊门"。这一次，国内媒体的报道由盲目变得理性。《南方周末》在其专稿《IPCC连续遭信任危机"冰川门"后又陷"亚马逊门"》中系统分析了几次事件的始末和背后的博弈，记者还专门采访了IPCC相关负责人，让国内受众有机会听到当事人就事件的回应，从而得出自己的判断。有了对气候变化知识的客观认识，媒体在气候传播中能更准确地普及气候变化的知识，提升公众认知。

2. 话语框架多元选择

通过对媒体的访谈可以发现，大多数媒体在哥本哈根谈判前对气候变化报道有相似的困惑，比如，如何将气候变化和直接的生活经验结合起来、什么框架可以帮助公众对气候变化有更准确的认知等。

哥本哈根谈判前，媒体气候报道可选择的话语框架较少，对话语框架的使用相对单一。当时主要有社会责任、生物灭绝和灾害恐怖三种框架。

社会责任框架强调气候变化是人类活动引起的，是全人类共同面对的挑战，所有人都有责任行动起来参与应对。社会责任框架的积极性在于直接揭示了气候变化的成因，强调了人类行动对气候系统的影响，强化了公众在这方面的认知。社会责任框架也有明显的弊端，类似口号式的宣传，在调动起公众的热情和积极性后，无法给出具体的行动建议。反复使用这种话语框架，容易让公众产生心理抵触和麻木，不利于后续工作的开展。

物种灭绝框架强调气候变化使极地变暖可能导致北极熊等物种灭绝。这种框架出自环保组织的设计，引入北极熊的可爱形象，拉近公众与气候科学的距离。这种框架的问题是只能调动对北极熊有特殊感情或对生态保护有热情的公众的行动积极性，对于大多数公众来说，极地变暖和北极熊灭绝不是发生在自己身边的事，紧迫性相对较低。

灾害恐怖框架强调气候变化引发极端天气气候事件频发，生活在地球上的每个人都深受影响。使用这种框架最成功的案例是2004年的好莱坞影片《后天》。这种框架能马上引起公众关注，紧迫性高。但与前面两种框架一样，灾害恐怖框架也不能给公众提供行动落点。哥本哈根谈判前，因为媒体对气候变化的认知度有限，其在框架的选择上随意性较大，缺少独立判断和策划，直接套用单一框架的情况比较普遍。

过去几年中，媒体在国内的气候变化报道积极尝试更多话语框架，拉近气候变化与普通公众的距离。同时，也更注重多种话语框架的结合使用，从而调动更多公众参与应对气候变化的行动。

第一类话语框架是公共健康框架。近年来中国空气污染严重，各地遭遇数次有记录以来最为严重的空气污染，雾霾指数严重超过健康水平。据统计，空气污染造成每年高达100多万人过早死亡，并导致高昂的环境损失。空气污染对健康的影响成为公众最关心的话题。雾霾虽然不是直接由气候变化导致的，但与气候变化同根同源。减少环境污染，改善空气质量，与应对气候变化有很强的协同性。改善环境质量和降低温室气体排放虽然是两个概念，但解决方案和努力方向一致。媒体在报道雾霾时选用公共健康框架，给出防霾建议的同时，鼓励公众从自身做起保护环境。

第二类话语框架是低碳框架。低碳是指更低的温室气体，尤其是二氧化碳的排放。低碳框架的出现与中国政府对低碳发展的重视有密切关系。中国政府意识到粗放型经济模式的弊端，逐渐向以低能耗、低污染、低排放为基础的低碳模式转型。低碳发展的路径选择，衍生出低碳交通、低碳生活、低碳经济、低碳出行等一系列与低碳相关的新框架。低碳系列框架的难得之处在于提供了不同的行动落点。例如，低碳可以与老百姓的生活挂钩，人们在日常生活中注意节电、节气、回收，在不降低生活质量的前提下，可以节省电气费，贡献于节能减排。选择低碳生活是一种生活态度，在政府的鼓励下，逐渐成为一种流行的生活方式。2013年3月，国家电网发布分布式电源并网的指导意见，鼓励在自家楼顶安装光伏太阳能板发电，可以满足自家的日常用电需求，还可以把多余的电并入国家的电网，享受补贴。2013年4月27日，中国新闻网率先发出题为《河北家庭住宅光伏发电首次成功并入国家电网》的报道，给大家算了一笔经济账，鼓励更多家庭安装分布式光伏板，并入国家电网。此后，全国媒体借助对各地光伏发电先行者的报道宣传普及这种政策机遇，为政策落地树立榜样，帮助更多公众在加入减排行动的同时享受到政策红利。可见，与低碳有关的系列话语框架在传播上有诸多优势，既与气候变化密切相关、符合政策走向，又与中国传统美德对接，能调动公众兴趣，还能给公众带来实际收益。

在框架使用上，媒体也结合不同话语框架的特点注意使用多种框架组合策略。比如，通过社会责任框架树立公众的信念，通过灾害恐怖框架提升应对气候变化的紧迫性，再辅之以低碳经济框架提出具体的行动落点。组合框架的策略使用对在应对气候变化工作中实现从认知到行动的转变起到积极作用。2012年11月，大型纪录片《环球同此凉热》11集完整版在中央电视台九套播出。这部纪录片突破了对气候变化科学知识的简单解读，而是从人类生存和人类文明发展的宏观视角解析气候变化对人类的各种影响，将抽象的内容蕴含在通俗的故事里，从人的情感切入，落到具体的低碳行动方案，通过综合框架的使用，让观众更真切地体会到了气候、环境与人的关系。《环球同此凉热》首播期间引发收视热潮，同步视频点击浏览总量突破300万次。

值得注意的是，中国媒体在气候传播与治理中的角色定位日渐清晰，策略也在不断调整，但随着新媒体和自媒体的兴起，传统媒体行业开始萎缩，加上气候变化议题的"季节性"较强，平时热点信息较少，对专业性又有较高要求等，外在和内在的原因使成长起来的气候记者出现流失，这在一定程度上造成了中国媒体气候传播工作发展的减速。

第三节　非政府组织角色及策略转变的追踪研究

非政府组织有国际和本土之分。根据联合国的界定，国际非政府组织是指没有根据政府间协议建立的组织。本土非政府组织是以推动可持续发展等公共利益为目标自发组织起来的民间组织。由于非政府组织具备公益性、民间性、非营利性的特点，一些有国际影响力的国际非政府组织在早期就被联合国授予"观察员"席位。国际非政府组织运用信息、劝说和道德压力等"观念认知力量"推动国际机构和政府改革。在国际非政府组织的示范下，越来越多的本土非政府组织参与进来。国际非政府组织培养的人才成为本土非政府组织的创始人员或骨干力量，非政府组织作为一个独立的行为体在全球治理中的话语权得到加强。

哥本哈根谈判中，本土非政府组织在专业性和灵活度上都与国际非政府组织有很大的差距，在利益相关者分析中得分较低。随着国际气候谈判的深入，2009～2015年，本土非政府组织的作用逐渐得到政府和媒体的认可，中国政府与非政府组织在气候变化领域的互动与合作日趋频繁，成为中国参与全球治理历史上的亮点。

一　非政府组织在联合国哥本哈根气候大会的角色及策略

1. 谈判监督者

推动有关可持续发展议题的发展与落实是非政府组织的天然使命。以气候变化为例，最初，当全球公众对气候变化知之甚少的时候，非政府组织通过各种倡导行动启蒙公众，使其意识到气候变化的危害，并从自身做起，积极行动，对抗气候变化。在国际气候谈判中，非政府组织的作用是作为独立第三方监督谈判进程的公正性，平衡发达国家和发展中国家的博弈力量。

哥本哈根谈判吸引了两万多家非政府组织的参与，从舆论引导的角度，影响力最大的国际非政府组织是世界自然基金会（World Wild Fund for Nature，简称 WWF，1961 年成立，总部设在瑞士）、乐施会（Oxfam，1942 年成立，国际乐施会总部设在英国牛津，后迁至内罗毕）、绿色和平（Green Peace，1971 年成立，总部设在阿姆斯特丹）三家（见表 5 - 1）。自全球气候治理启动以来，三家机构就以维护人类共同利益为目标全程参与，对《联合国气候变化框架公约》和《京都议定书》的签署做出贡献。

表 5 - 1　三家在双层次跟进中国气候治理进程的国际非政府组织基本信息

机构名称	名称英文及缩写	成立时间	总部	工作领域	气候关注点
世界自然基金会	World Wild Fund，WWF	1961 年	瑞士	保护世界生物多样性及生物的生存环境	气候变化对生物多样性及环境的冲击，减缓与适应兼顾
乐施会	Oxford Committee Famine Relief，Oxfam	1942 年	英国牛津	紧急救援、扶贫、教育、卫生等综合发展	保护受气候变化影响最严重的国家和人群的利益，强调适应的重要性
绿色和平	Green Peace，GP	1971 年	荷兰阿姆斯特丹	环境保护	气候变化对环境的冲击，强调减排

资料来源：笔者自制。

这三家机构在气候谈判的基本立场均从发展中国家的角度出发，督促发达国家尽快实现减排和适应承诺，以促成气候大会达成公平、公正、有约束力的协议作为阶段性目标。三家机构的共同点还包括在中国内地均设置分支机构、在哥本哈根会场内有专门的办公场地、有覆盖全球的媒体资源和公信力、有长期跟踪气候谈判的国际专家、有专业负责处理国际媒体事务的团队、有工作人员被各国政府邀请参与政府代表团。

在国际谈判中，国际非政府组织是发展中国家的天然盟友。如前文所述，在相当长时间内发达国家主导着全球治理的进程，占有绝对话语权。包括中国在内的发展中国家只能被动追随。为此，三家机构将帮助发展中国家发声作为主要的工作策略，以制衡发达国家的话语霸权。

以莱索托为例，莱索托位于非洲东南部，国土完全被南非环绕，自然资源匮乏，是联合国公布的最不发达国家之一。面对气候变化的威胁，莱索托的脆弱性差，是气候变化的最直接受害者，而且基本没有恢复力。在国际棋局中，莱索托这类国家是最弱势的，其声音最容易被忽视。限于人力和财力都十分有限，莱索托国家代表团在哥本哈根谈判中连一场发布会都组织不起来。为了帮助莱索托代表团发声，乐施会出面邀请包括英国广播公司（BBC）和美国有线电视新闻网（CNN）在内的国际媒体对莱索托的国家总理进行专访，通过对莱索托受到气候变化威胁的采访和报道，国际媒体对国际棋局中的脆弱力量有了新的认知，而莱索托也争取到话语权，通过发声推动发达国家兑现承诺，保证谈判的公正性。

从工作领域和关注的重点角度，这三家国际机构分为环境类和发展类。其中，世界自然基金会和绿色和平属环境类国际非政府组织，乐施会是以人道主义救援与扶贫为己任的发展类国际非政府组织。工作重点的不同决定了这三家机构在观点和角度上有所区别又互相补充。哥本哈根谈判第二周，一直在博弈中占上风的发达国家坚决不履行国际承诺，成了谈判的最大阻力。世界自然基金会、绿色和平和乐施会三家在会场内举行联合新闻发布会，从各自专长出发对发达国家的行为进行抨击，力保发展中国家的权益不受侵犯。

2. 谈判催化剂

非政府组织作为独立第三方被邀请参加联合国气候谈判，在履行监督者角色的过程中，有机会观察到谈判格局的微妙变化。如果组织本身具备足够的专业性，就可以抓住微妙变局中的机会，通过与媒体和谈判代表的沟通，推动谈判在公开、公正的前提下展开。

世界自然基金会、绿色和平和乐施会在气候谈判历史上都有超过20年的参与经验，在组织内部有基于专业的明确分工。以乐施会为例，其哥本哈根谈判代表团的 80 多位工作人员被分到五个专业小组，分别是专家组、媒体组、活动组、联盟组和代表团组。

专家组由跟进谈判 10 年以上的专家组成，可以对谈判进展进行实时分析、解读和基于情景假设基础上的预判，可以根据外部需求提供专业评论。

媒体组是由具有多年媒体经验和丰富媒体资源的工作人员组成，负责对接媒体和专家，收集媒体问题，反馈专家的回应，安排采访、协调新闻发布会等工作。乐施会在国际媒体中有非常好的口碑和影响力，当媒体遇到过于专业的谈判内容无法理解或不知如何跟进报道时会主动找到他们。针对中国媒体准备不充分的问题，乐施会专门组织中国媒体学习谈判术语，帮助媒体扫盲补课。

活动组的成员是公众倡导与动员经验丰富的活动家，可以根据谈判进展，结合机构的立场，设计灵活多样的真人秀、抗议、情景剧等，通过媒体报道，引导国际舆论。例如，谈判第一天各大媒体的头版都刊登了一幅照片：来自马尔代夫的代表被装入特殊处理的注满水的装置，手里举的牌子上写着"马上被淹、救救我们"，一时间成为各大国际媒体头条。

联盟组的设置比较特殊，其成员不是乐施会的工作人员。乐施会关注发展议题，有遍布发展中国家基层社区的伙伴关系网络。联盟组的名额向乐施会的伙伴关系网络开放，把有代表性的伙伴邀请到谈判现场帮助受气候变化严重影响的脆弱人群发声。通过参与高级别的国际谈判，也是对发展中国家基层社区伙伴开展的能力建设。

代表团组的成员有双重身份，一个身份是乐施会的工作人员或伙伴机构代表，另一个身份是各自国家政府代表团的成员。这是一些国家学习《公约》缔约方会议的组织形式，特别邀请在其国家工作的非政府组织代表加入政府代表团，以协调、平衡代表团立场。菲律宾、荷兰、比利时、孟加拉国等国家的政府代表团都有非政府组织的代表。加入政府代表团，意味着国际非政府组织拥有了参与谈判的直接途径，可以更有效地参与全球气候治理。

正因为有上述的专业分工，国际非政府组织在哥本哈根谈判中表现非常灵活，能够从正式、非正式渠道获取的信息中敏锐地辨别出有价值的内容。最典型的是《卫报》曝光的丹麦文本，就是国际非政府组织在拿到文本原件后第一时间透露给《卫报》，并通过《卫报》的报道达到催化谈判进程的目的。

二　追踪分析：非政府组织的策略转变

1. 由观望者变为合作者

通过梳理国际非政府组织在哥本哈根谈判中的角色定位可以发现，非政府组织在国际谈判中发挥着特殊的监督和催化作用。国际非政府组织长期跟进联合国气候谈判进程，监督者和催化剂的角色定位及相关策略已经相对成熟。

2009～2015年，国际非政府组织与中国政府的博弈关系发生了微妙变化。

在哥本哈根，国际非政府组织是中国的潜在博弈对象，一方面，国际非政府组织看到了中国高排放的事实；另一方面，大部分国际非政府组织认同《公约》原则，作为发展中国家的中国具有一定道义优势。即使最后出现国际媒体舆论一边倒，中国也并没有成为国际非政府组织联手抨击的对象。对于第一次高调在国际气候谈判出现的中国，国际非政府组织普遍持观望态度。在瞬息万变的国际气候谈判博弈场上，国际非政府组织要根据中国的后续表现判断对中国的态度。在后续的谈判中，中国政府对待非政府组织的态度越来越开放，国际非政府组织获取中国信息的渠道通畅，对中国政府的了解和认知也在逐渐增多。特别是世界自然基金会、乐施会、绿色和平、世界资源研究所、美国能源基金会等在中国设有办公室的国际非政府组织，可以在国际、国内双层次同步观察中国政府的作为。国内层面，可以第一时间观察到中国政府应对气候变化的政策力度和系列行动；国际层面，从与谈判代表的接触和各方面信息源感受到中国参与全球气候治理的决心。结合国际、国内两方面的综合信息，这类在中国开设办公室的国际非政府组织首先成为中国政府在谈判场上的"战友"，在《公约》"共同但有区别的责任"原则基础上，一起督促发达国家履行减排责任，当国际舆论出现有违《公约》原则的杂音时，这类国际非政府组织能从气候正义的角度给中国政府提供有力的支持。

随着中国成为全球第一大排放国，关于中国应该承担减排责任的声音一直是后续谈判中发达国家推卸历史责任时习惯找的借口。在 2011年的联合国德班气候谈判期间，非政府组织联盟国际气候行动网络（CAN）提名中国和印度获颁化石奖。化石奖是 CAN 坚持了 12 年的一个活动，每天评选当天在谈判中表现最差的国家。加拿大、美国和日本等企图阻挠谈判进程的国家都曾榜上有名，而这些国家的谈判代表也被迫到场领"奖"。因为奖项设置与谈判进程直接相关，又具有趣味性和影响力，国际媒体对这个活动非常关注，通过报道获奖结果，给获奖国家施加舆论压力。化石奖提名中国和印度，是因为 CAN 中有代表提出，虽然中国和印度属于发展中国家，但考虑到两个国家的经济实力和国际影响力，如果两个国家可以在减排上做出更多承诺，将对谈判进程有直接的推动。按照投票规定，如果提名国家的非政府组织一致反对，就要重新提名。绿色和平、世界自然基金会、乐施会等在场的国际非政府组织迅速与参与谈判的中国本土非政府组织代表磋商，分析谈判局势，梳理回应理由。表决发言阶段，中国非政府组织代表没有通过这次提名，与此同时，印度非政府组织也投了反对票，避免了对国际舆论的误导。

2015 年巴黎气候大会前，关于中国应该承担更多责任的声音又开始被炒作。乐施会组织媒体发布了《碳排放极度不平等》报告，报告进一步强调了气候不公正的问题："最富裕的 10% 的人口制造了全球约一半的碳排放量，最贫困的 35 亿人口仅仅产生 10% 的碳排放量，然而后者的生活却饱受超级风暴、干旱以及其他与气候变化相关的极端天气事件威胁。"报告指出，尽管发展中国家碳排放量增速很快，但需要注意的是，发展中国家生产的大部分商品是提供给其他国家人口消费和使用，这意味着大多数发展中国家人口的生活消费碳排放量远低于发达国家人口。这份报告的内容被英国路透社等媒体广泛报道，阐明了发达国家转移排放的事实，又一次回击了发达国家的责任推卸问题。

2. 帮助本土非政府组织成长

相比国际非政府组织在哥本哈根的表现，中国本土非政府组织虽然有中国青年应对气候变化行动网络、山水自然保护中心、地球村环境教育中心等机构到场，但与中国媒体的处境相似，多是第一次参与专业谈判，只能被动跟随谈判进程，没有深入参与的能力。

在后续的谈判中，国际非政府组织通过人才培养与输送、能力建设、项目合作、联合倡导等方式帮助本土非政府组织提升对气候治理议题的理解。

联合行动是国际非政府组织普遍采用的一种倡导策略，参加哥本哈根谈判时，中国本土非政府组织力量薄弱，经验不足，对联合行动的作用没有清楚的认知。基于在哥本哈根的观察和学习，国际非政府组织与本土非政府组织在10个月后的天津谈判上做了一次有意义的尝试。

联合国天津谈判是2010年的一次阶段性谈判，任务是为年底的联合国坎昆谈判做准备。相比几个月前，参加这次谈判的本土非政府组织数量由哥本哈根谈判时的寥寥几家激增到60多家。为了更好地参与这次谈判，世界自然基金会、绿色和平和乐施会与注册参会的本土非政府组织提前两个月就一起商讨合作策略，并成立了专门的筹备委员会。筹备委员会有专人负责，定期协调各参会机构召开联席会议，在会上整合各方最新信息，讨论参会策略。筹备委员会还起草了共同立场用于在谈判中发布。经过用心的策划，在天津谈判中共推出20多场系列活动，主题涉及中国企业绿色创新、气候变化对中国的影响、中国减排方向等多个方面。

为了更好地交流和互动，在国际非政府组织的经验帮助下，中国民间气候变化行动网络（CCAN）开始发挥协调方的作用。为了提升专业性，CCAN 邀请乐施会、绿色和平、世界自然基金会等有经验的国际组织担任观察员机构。2011 年，专门致力于提高本土非政府组织参与国际谈判和国内政策倡导能力的中国气候政策工作组（Climate Policy Group，CPG）成立，相比 CCAN 起到的协调作用，CPG 更加聚焦在谈判和政策层面，成员更加稳定，在后续的谈判中发挥了积极的作用。此外，中国青年应对气候变化行动网络（CYCAN）等面向细分人群的本土非政府组织也成长起来，在与国际非政府组织的合作中，进一步提升了能力。

国际非政府组织在气候谈判中之所以能受到尊重，与他们长期积累起来的研究经验、研究实力和专业程度密切相关。哥本哈根会议后，在国际伙伴的指导和帮助下，中国本土非政府组织也开始有意识地积累这方面的研究经验。聚焦于气候政策研究的创绿中心就是其中的典型代表，2012 年成立后其在气候与能源领域发表了多篇有影响力的研究报告，赢得国际同行的认可。

三 国内层面的非政府组织策略转变

1. 细化博弈对象 探索合作空间

国际非政府组织在国际层面主要的工作是监督以国家行为体为主的谈判进程，确保谈判的公正性。在中国国内，国际非政府组织的主要定位是确保国内气候政策的前瞻有效性。哥本哈根谈判后，在中国有办公室的国际非政府组织陆续加大对气候领域的关注，借助各自领域优势开拓合作空间，帮助政府兑现国际承诺。

考虑到中国国内的政策环境，不同国际非政府组织都在积极探索工作空间。

以绿色和平为例，由于其工作人员驾驶小船拦截捕鲸船的画面深入人心，绿色和平的品牌形象被固化为"一家激进的环保组织"。为了能够在中国开展工作，绿色和平基于对国内博弈对象的分析调整策略，争取获胜集合，保证目标实现。在中央政府控制煤等化石能源的政策环境下，绿色和平用其擅长的深入调查监督企业落实情况。2013 年 7 月，绿色和平发布报告，指责中国最大的煤炭企业神华集团在鄂尔多斯超采地下水、污染当地生态。在经历 255 天的博弈之后，神华承诺逐步停止抽取草原地下水（冯洁，2014）。2014 年 4 月～10 月，绿色和平调查员先后七次对率先投产的大唐克旗煤制气示范项目进行了实地调查，对项目的污水和沉积物进行了取样检测，对烟气排放物监测数据进行了分析，并走访了解了项目周边牧民的生活现状。现场调查发现该示范项目存在严重的环境污染问题。2014 年 8 月 7 日，绿色和平发布报告指出，经过三年调查，发现青海省木里煤田矿区内多家企业在海拔 4000 米以上的祁连山区黄河水源地内进行违法露天采煤和非法工程。绿色和平在开展这些工作的过程中受到来自地方和企业的压力，但地方和企业也是中央政府在国内气候治理中的博弈对象，所以，这些压力并没有真正影响这家机构在中国的整体工作的推进。

世界自然基金会在国内的应对气候变化工作以研究和公众倡导为主，其低碳城市项目聚焦的是中国处于工业化和城镇化过程中的交通方式转型。通过支持伙伴撰写研究报告，倡导在新型城镇设计中考虑提高能效、低碳交通、改善水质等问题，为中国的低碳转型提供成功案例，为全球可持续发展城市树立新的榜样。同时，世界自然基金会的全球品牌项目"地球一小时"也在 2009 年进入中国并持续做出影响力，合作伙伴全面覆盖了政府、企业、媒体、社会组织等利益相关方。

乐施会在应对气候变化的定位是强调气候变化与贫困的关系。乐施会在中国内地开展工作超过 20 年，长时间扎根基层的经验使其能够第一时间了解中国受气候变化影响的情况。基于项目优势，乐施会成立专门的气候变化与贫困项目团队，与科研机构合作展开适应气候变化、气候资金、气候变化与粮食安全等研究，并全面推进低碳适应与扶贫综合发展计划，该计划的第一个试点选在陕西，经过两年的基层工作，成功倡导地方政府在设计地方发展规划的过程中融入应对气候变化的视角，帮助贫困农村地区从被动适应转为主动适应。

2. 建设工作网络

网络构建和伙伴关系是非政府组织扩大影响力的有效策略。哥本哈根谈判后，国际非政府组织在国内与国际同步开拓气候领域伙伴关系，本土非政府组织也在联合行动方面加大力度，迅速成长。

在气候变化领域比较活跃的本土非政府组织有创绿、全球环境研究所、山水自然保护中心、自然之友、地球村、绿家园志愿者、公众与环境研究中心、中国民间气候变化行动网络和中国青年应对气候变化行动网络等。2009～2015 年，非政府组织之间开展了很多主动合作，借助彼此资源优势共建影响力。中国国际民间组织合作促进会绿色出行基金等于 2011 年在多个省市组织"酷中国——全民低碳行动计划"，宣传低碳出行。近 40 家非政府组织于 2013 年发起"气候公民超越行动计划"，倡导多方联合应对气候变化。从 2014 年开始非政府组织还成立中国气候政策小组协调政府、智库与非政府组织就气候变化领域的议题进行跨界对话，参与到应对气候变化立法的讨论和修订中。2014 年，IPCC 第五次评估报告发布后，创绿中心、山水自然保护中心、全球环境研究所等 7 家非政府组织做出联合回应，鼓励中国政府重视应对气候变化带来的多重挑战，在多个层面采取措施应对气候变化。

3. 推进基层动员

非政府组织在公众宣传和社区工作等方面具备天然的优势。根据 2012 年中国气候传播项目中心的调研，中国公众对气候变化有高认知度，对气候政策也高度支持，但采取行动的意愿并不是特别强烈。本土非政府组织注重到一线普及气候变化知识，并研发一些具有可操作性的节能减排小工具，在提升公众气候变化认知的同时促进切实行动。

以自然之友的低碳家庭项目为例。自然之友从 2010 年开始深入北京 200 多个家庭，根据这些家庭的用电情况量身打造最经济的用电方式。在这种试点工作的基础上，自然之友开发出一套操作性强的优化方案，提供给更多家庭选用。

为了更好地监督企业的温室气体排放，回应公众关心的雾霾问题，公众环境研究中心开发出污染地图的手机应用软件，可以查看全国各个城市的空气质量排名、了解工业污染根源，还可以和朋友分享污染情报，一起保护环境。地图会标注出超标排放的企业名称，并标注企业排放有害气体的相关指标，让公众对企业是否超标排放一目了然。公众可以随时将信息分享到社交平台，让企业接受公众监督，给公众参与找到具体的行动落点。

在省级层面，也活跃着一批对应对气候变化感兴趣的草根组织。陕西妈妈环保协会坚持在农村做垃圾分类和回收的引导工作；由西北农林科技大学的几位教授建立的陕西农村妇女科技服务中心则将最新的科技带到农户家中，研究气候变化下的昆虫变异，帮助农户安装太阳能杀虫灯，并将工作中的观察写成两会提案，以在更宏观的层面引起关注。

第四节　本章主要结论

通过对哥本哈根谈判的调查，可以看出中国政府、媒体和非政府组织普遍准备不足，暴露出机制僵化、预案不充分、专业性弱等。从双层博弈的角度，这是当时中国政府在气候变化重要性和战略价值上没有形成共识认知的问题外溢。

中国政府作为谈判的主体，虽然在谈判前就提出自愿减排的量化目标，也派出了史上阵容最强大的代表团，但作为全球第一大排放国和第二大经济体，中国拿出的计划仍与国际社会的期待有一定差距。哥本哈根谈判是中国代表团第一次高调亮相，在谈判经验、博弈能力等方面欠缺经验。所以第二周面对超出预期的谈判走势，中国政府代表团非常被动。作为信息发布的主体，中国政府比2007年巴厘岛谈判时有了进步，尝试召开新闻发布会组织舆论引导。但由于行政制度和惯性思维的影响，在发布渠道、内容上仍显落后，影响了信息的及时释放。在哥本哈根谈判上，政府还有行政管理者的角色。全球治理强调主体多元，治理过程的基础不是控制，而是协调，是一种持续的互动，强调各利益相关方在过程中的共同参与。中国要参与全球治理，就要打破以前的传统思维方式。

中国的媒体也在准备不足的情况下临时集合仓促上阵。如果说作为信息传播者，其在国内的报道经验还勉强能用上一些，对于国际媒体担当的谈判助推器角色，中国媒体则望尘莫及。在谈判最后两天，当中国被国际媒体指责时，习惯了被管制而缺乏独立思辨能力的中国媒体连基本的反击都没有。因为角色没有及时调整，中国媒体在国际舞台上没有发挥影响力，国际同行对中国媒体的评价是"政府的喉舌，没有独立立场"。

国际非政府组织在全球气候治理初期就积极参与，积累了一定的经验，有相对清晰的定位和策略，在气候谈判中发挥监督者、催化剂的作用。相比而言，中国本土非政府组织参与全球治理的经验欠缺，定位不清晰，能力有限。

可见，哥本哈根谈判对于中国政府、媒体和非政府组织来说都是一场洗礼，是当时国内的治理格局在国际层面的真实表现。正因为有了这次教训及对教训的认真反思，三方对气候传播与治理的策略都做出了快速调整。

首先，政府意识到了国际与国内两个舞台的不同，在国际舞台上开始探索更加灵活的谈判策略和信息发布方式，与媒体和非政府组织的互动越来越频繁。同时，由于国际舆论压力和自身发展的需要，在国内，政府将应对气候变化提升到国家战略的层面。为了更好地增强各界应对气候变化的信心和决心，政府有意识地将国际谈判中感受到的压力传导到国内，推动各方落实减排目标，积极调动公众参与。因为在国际层面对非政府组织的作用有了新的认识，政府在国内对从事气候变化工作的非政府组织也相对开放，沟通与合作相对其他领域更加频繁，开出一块治理试验田。政府在国内应对气候变化的举措，也被传递到国际社会，助力中国在国际谈判中赢取更多支持，从而在全球气候治理中发挥更积极的作用。

　　由于在哥本哈根谈判期间的学习，以及随后政府态度的转变，中国媒体对参与国际谈判的角色认知日渐清晰，抓住政府释放的空间从更综合的角度对气候变化议题本身和谈判进程进行跟踪报道。在国际层面，媒体有意识地帮助中国树立负责任的大国形象，为发展中国家发声，以平衡掌握在发达国家手中的话语权。同时，也主动把国际压力传导到国内。在国内，因为政府的高度重视，气候变化成为媒体报道的重点领域。在报道中，媒体的立场更客观，视角更综合，话语框架更多元。虽然在谈判助推器角色上还有待进一步提升，但中国媒体已经能将气候变化的信息在国际、国内两个层次有策略地传播，并产生交互影响。

　　非政府组织在中国的成长环境不是一帆风顺的，基础较为薄弱。但因为政府在气候领域拿出了先行先试的精神，加上国际非政府组织的示范和经验分享，气候领域的非政府组织，特别是本土非政府组织得到较快成长。在国际层面，在国内开展相关工作的国际非政府组织由观望者变为合作者，成为中国政府的盟友。中国本土非政府组织由单兵作战转向联合行动，积极积累行动和研究经验，逐渐能够像国际非政府组织那样承担监督者的角色。在国内，非政府组织的分工更细致、联动更积极、落地更扎实。这些进步带来的成效又被带到国际舞台展示，赢得国际同行的尊重。

　　综合上述分析，哥本哈根谈判发挥了"大国成人礼""媒体速成班"和"非政府组织训练营"的作用，中国学到了应对未来的重要经验。此后，国际气候规制迅速实现国内化，后续国际气候谈判进一步推动中国政府、媒体和非政府组织及时调整在国际、国内两个层面的策略。

　　2015年12月13日，包括中国在内的196个缔约国达成《巴黎协定》，就2020年后全球共同应对气候变化做出机制安排。《巴黎协定》的达成是各方共同努力的结果，这一次，中国发挥的关键作用被全世界认可。

　　2009～2015年，六年时间，中国以最快的速度从全球气候治理的追随者成长为引领者。通过双层多维的研究框架分析可以看到，从单层到双层的认知拓展，从独行到合作的态度转型，从管理到治理的观念跨越，三大利益相关者携手走出有中国特色和效率的气候治理之路。

作为全球第二大经济体，中国的实力已经很难在国际舞台上保持低调。在全球治理的大背景下，中国在应对气候变化的多边治理中可以发挥更加积极的作用，"世界在向新秩序转移，中国在这个新秩序中确有一席之地，新规则已经开始了"[①]。

---

① 布鲁塞尔当代中国研究中心研究主任乔纳森·霍尔斯拉格（Jonathan Holslag）在接受《21世纪经济报道》时的评价，检索于 http：//news. lnd. com. cn/htm/2009 - 12/12/content_ 962061. htm。

第六章　后巴黎时代的中国气候传播与治理

第一节　中国气候传播与治理面临的挑战

应对气候变化既需要全球合作，又需要地方行动。气候传播的目标是贡献于全球气候治理。气候变化议题的特殊性决定了在全球治理视阈下开展双层次气候传播与治理研究的必要性。气候传播在国际层面的目标是通过帮助中国更好地树立"负责任的大国"形象，推动中国在国际谈判中发挥更积极的作用，从而助力更有效的全球合作。在国内，气候传播致力于推动更多利益相关方积极参与到应对气候变化的行动中。从哥本哈根到巴黎，虽然政府、媒体、非政府组织都取得了一些进步，但后巴黎时代，挑战依然存在。

一　话语权需持续构建

随着国家影响力的提升，中国已经成为影响国际气候规制的关键因素，树立中国"负责任的大国"形象，使中国在国际舞台上更主动地发挥作用，对于全球气候治理来说是有积极意义的。

大国形象是国际社会中一个大国应该具有的良好精神面貌与政治声誉，是国际社会从时代精神角度赋予大国的各种义务、责任。一个世界大国的成长通常要经历准备期、成长期和稳定期三个阶段，作为处在成长期的未来大国，中国在进一步打造自身实力的同时需要通过让国际社会信服的实际行动树立负责任的国家形象，才能逐步成长为真正意义上的大国。

中国在气候变化领域的形象在过去几年中被贴上了各种负面标签。虽然中国在应对气候变化问题上做出很多积极贡献，也在通过各种传播渠道进行宣传，但只要对排放权的博弈仍在继续，中国在气候治理中的话语权和影响力就需要在变局中持续构建。

2015年底的巴黎气候谈判前，中国政府借助中美、中法联合声明等签订双边、多边气候合作协议，并贡献200亿元人民币用于气候变化南南合作，彰显了推动气候治理的雄心，为中国参与巴黎气候谈判赢得了主动。但当谈判进入第二周焦灼期，英国《卫报》于12月10日发表署名文章，报道包括美国、欧盟及小岛国等脆弱国家在内的195个国家结成了"雄心联盟"（High-ambition Coalition），共同推动达成体现高雄心的巴黎协议。《卫报》强调，这个联盟中没有中国和印度。根据《联合国气候变化框架公约》的规定，发达国家应该承担减排的历史责任，并向发展中国家提供应对气候变化的资金和技术支持。2009年的《哥本哈根协议》中明确规定，到2020年前，发达国家每年应提供1000亿美元支持发展中国家应对气候变化。但到巴黎谈判前，这些款项还远远没有落实到位，即便在落实的少量公共资金中，发展中国家急需的适应资金只占16%。因此，资金问题成为巴黎谈判的焦点，美国和欧盟因为在出资问题上没有兑现承诺，在谈判第一周受到舆论指责。《卫报》的文章在此时推出，虽然关键数字等内容失实，但利用受众的阅读习惯和心理预期引导了舆论，将压力转移到中印两个发展中大国身上。中国政府在过去几年的经验教训基础上建立了国际舆论监测机制，以便及时做出回应。发现《卫报》的这篇报道后，中国政府邀请在场的中国媒体围绕客观事实撰写相关报道。但中国传统媒体近几年分流严重，加上气候议题的跟踪报道难度大，在巴黎谈判现场的记者没有人参加过哥本哈根谈判，对哥本哈根谈判的延时报道教训并不了解，对全球气候治理的双层博弈缺少认知，在当天下午接到报道任务后，于第二天早上才发出回应报道，错失谈判场内的新闻时效性，并且其报道内容的受众定位是国内受众而不是国际舆论。场内舆论继续向对中国不利的方向发酵，中国政府代表团在分析潜在风险后临时组织新闻发布会邀请国际媒体到场予以回应，才算平复舆论，没有造成更严重的后果。

可见，在国际气候谈判的舆论场上中国一刻不能松懈。

二　国际期待与中国行动

随着国家实力的提升，中国已经成为各类国际规制讨论中不可缺少的关键角色。在气候变化问题上，中国逐渐提升重视程度，在国际舞台上的表现也更加积极主动。同时，中国是全球最大的排放国和发展最快的发展中国家之一，国际社会对中国的期待也与日俱增。巴黎气候谈判期间，笔者接受路透社等国际媒体采访时，多次被问到关于中国责任的问题，如"中国作为全球第一大碳排放国，除了已经承诺的，还能做什么？""中国还能在这次巴黎谈判中多贡献什么？"可见，虽然中国已经做了很多历史责任以外的自愿贡献，但国际社会对中国仍有很多期待。

如何平衡国际期待与中国能采取的实际行动，是中国在后巴黎时代面临的又一挑战。

作为发展中大国，中国经济发展正处于工业化阶段，基础设施建设发展迅速，能源需求强劲，而提高能源效率又面临一定的技术制约，这就决定了在今后的一段时间内，中国的温室气体排放还将呈上升趋势，这是由经济社会发展的客观规律决定的，是中国面临的现实困难，也决定了中国不可能一步到位地满足国际社会的期待。在这种情况下更应该通过恰当地表达让世界正确理解中国，化解国际舆论压力。基于过去六年的经验教训，国内各方也意识到这一挑战，但是在回应策略上还有待磨炼。在巴黎气候谈判期间，"中国角"专门设计了一场"气候变化与农村发展"的主题边会，向国际社会展示中国农村贫困问题的现实及适应气候变化的紧迫性。这是自 2011 年中国政府代表团驻地设置"中国角"以来第一次有了农村主题的专场，有助于帮助世界理解中国。但这场边会被安排在"中国角"系列活动的最后一天，虽然这场边会发布了多个中国气候变化与贫困问题的研究报告，也吸引了埃塞俄比亚、印度、乌干达等国家的嘉宾发言并分享案例，但当时是谈判的关键阶段，舆论焦点都在瞬息万变的谈判场内，无法吸引国际媒体的注意，未能达到有效的传播效果。

三　最大获胜集合尚未形成

双层博弈理论超越单一的国内因素对国际事件或国际因素对国内政治的研究，将国际、国内政治融为一体，强调决策者在国际和国内两个层次同时进行博弈。在西方国家的话语体系中强调国内层面的博弈，因为其国内获胜集合的大小直接决定政府在国际层面的表现。在中国，获胜集合可以理解为赢得国内大多数利益相关者支持的国际协议的集合范围。国际气候协议的终极目标是希望各国能够放弃高排放的传统发展模式，选择可持续的低碳发展模式。对于中国来说，只有争取最大的获胜集合，赢得大多数利益相关者用实际行动支持中国践行可持续的低碳发展模式，才能真正贡献于国际气候机制的进程。

通过双层次追踪研究三大利益相关者的策略转变，可以发现政府、媒体和非政府组织在应对气候变化工作上已经有越来越多的互动。但其他利益相关者，特别是公众和企业的行动还有待进一步调动，国内最大获胜集合尚未形成。中国公众认知调查的数据显示中国公众对气候变化的认知度较高，但从认知到行动的跨越需进一步动员。企业的参与和行动是应对气候变化的关键，在巴黎气候谈判现场，活跃着很多中国企业家，也有成功的低碳案例展示。在国内，企业真正参与气候传播与治理的路径还在摸索之中。

第二节　中国气候传播与治理的应对策略

基于双层博弈框架，国际和国内两个层次是互相影响的。回应上述三大挑战的策略，不能割裂国际和国内层次的关系，后巴黎时代的气候传播与治理策略可以放到本书构建的双层多维的研究空间中来分析。

一　从国内到国际：讲述"真实中国"

从国际关系的角度，政府、媒体和非政府组织三大利益相关者有一个共同的角色，即跨国沟通行为体。跨国沟通行为体是指"为着特定的政治目标，起着沟通内部与外部政治环境，从而使价值、规范、新的观念、政策条例、商品及服务能够跨越边界进行流动的行为体"（苏长河，2003：111－125）。

跨国沟通行为体的出现颠覆了传统意义上对国际和国内两个层次的划分。同时，跨国沟通行为体有在国家内部政治经济体系中自由穿梭的能力，可以直接将国际规则引入国内决策层，或者把国内议题提升到国际层次，对封闭的国内决策形成挑战。离开跨国沟通行为体的沟通，国际制度与国内政治就会关联。

中国是受气候变化直接影响的国家，为应对气候变化做出了巨大努力，但是这些信息用了六年时间也没有完全传递给国际受众。中国在国际舞台上习惯性"炫富"，不愿提发展不平衡、贫困农村的实际情况等现实问题，使很多只知道"北上广"的外国人加深了中国已经迈进发达国家的错误印象，也给国内发展带来国际压力。

针对这个问题，后巴黎时代的国际层面气候传播中应优先采取"真实中国"策略，将真实的中国坦诚告诉世界。

首先，中国媒体改进报道策略。为了使中国更好地参与全球气候治理，政府和媒体都应进一步改革国际气候传播策略，增强国际传播意识，创新对外传播思维，增强气候变化领域的国际舆论引导力度，让国际社会正确理解中国国情，了解中国在有限条件下积极应对气候变化的贡献。中国媒体在外宣报道中应避免上情下达式的成就型报道和空洞乏味的说教式传播，代之以有血有肉的故事讲述，靠生动的细节来打动国外受众，尤其要注重对中国实际国情的传播。

随着气候治理议题在国际、国内双层次的推进，中国媒体越来越意识到在中国开展气候变化工作的非政府组织的独特价值，可以通过国际非政府组织和本土机构的网络采访社区，走进真实的家庭搜集素材，将真实中国介绍给世界。

其次，邀请国际媒体报道"真实中国"。国际媒体是中国气候传播在国际层面的确定型利益相关者，但在相关性上有不确定性。中国的实际国情和对气候治理的实际贡献及时让国际媒体知道，可以增加国际媒体与中国的正相关性。

在与国际媒体的合作上，中国各级政府需要有创新格局和更多自信。2013年6月，中国政府开展了第一个"全国低碳日"活动，组织了大量有益有趣的活动集中宣传绿色低碳，这也是全世界第一个聚焦低碳减排的主题活动。但活动的开幕式没有邀请任何国际媒体，虽然活动在国内举办得轰轰烈烈，国际社会的反响不多。直到2013年10月一些气候变化领域的国际专家受邀来北京参加国际会议，才第一次听说了这样的主题活动。中国政府也会邀请国际媒体考察低碳城市试点，感受中国的快速发展，但国际媒体受邀走访的富裕城市越多，越会觉得中国可以在减排上有更多承诺。国际媒体希望了解真实的中国，但提出的采访需求往往以各种理由被拒绝。地方政府坦言，担心国际媒体到农村地区后会发现"不希望被报道的东西"，比如贫困、落后、地方矛盾等。

最后，重视非政府组织在"真实中国"策略中的特殊作用。国际非政府组织在气候变化问题上的权威性来自其扎实的专业知识，可以提供高质量的分析，得到各国公众的认同。在中国开展气候变化工作的国际非政府组织了解中国的实际贡献和困难，在"真实中国"策略中可以与政府形成很好的"战友"，政府可以借助国际非政府组织的声音为自己争取更多支持。中国本土非政府组织在哥本哈根会议后一直在有意识地提升自己的能力，从南方国家视角做了一些有价值的研究，对于平衡国际舞台上"声音一边倒"的情况做出了建设性贡献。一批长期扎根基层的本土非政府组织，对中国的国情有清楚的认识，掌握了大量一手的资料。中国政府可以考虑与这些草根非政府组织共同设计传播项目，讲好中国故事，帮助国际社会认识真实的中国。只有通过塑造政府与非政府组织间的现代伙伴关系，才能得到较为理想的治理博弈结果。

二 从国际到国内："压力传导"策略

经济社会发展的客观规律决定，今后一段时间内中国的温室气体排放还将呈上升趋势，中国不能承担超出自身发展阶段和国家力量的责任，国家发展权和全球减排的目标随时可能发生冲突。将中国在国际社会承受的舆论和制度压力恰当地传递给国内公众，可以在国内层面争取最大限度的支持。将国内的声音回传给国际社会，可以在国际上争取更多理解。两个层面同时开展工作，可将挑战转化为机遇。

首先，媒体在压力传导方面应该进一步提升专业能力。

对于来自国际层面的压力，需要把握好"度"：过多地渲染压力，会让国内公众丧失对政府的信心，并对中国参与全球治理产生排斥心理；而有意地淡化压力，则无法让国内公众及时了解政府在国际舞台上面临的挑战，无法形成团结一致实现低碳减排目标的雄心。

虽然经过六年的积累，媒体的气候报道立场更客观、视角更综合、框架更多元，但这些都是相对于后哥本哈根时代而言。后巴黎时代，中国媒体气候报道存在几个突出的问题。一是报道间距大。在极端天气发生或气候大会召开的时候，记者扎堆报道或评论，内容同质化严重，缺少后续跟进报道，属于"应景式、打游击"式的参与。二是对气候报道的重视仍不够。即使像《南方周末》开辟的绿色版也没有形成气候报道的固定版面，这在一定程度上会影响记者的报道热情。此外，中国媒体需要面对的事实是，与国际同行的专业性相比，中国媒体在气候报道上仍缺少全球视野、科学认知和忧患意识，这些都有可能影响对压力传递力度的把握，从而破坏预期效果。

要想准确感知并传递国际压力，需要媒体有议程设置的意识和能力，长期跟进谈判议题，注意收集并系统分析国际舆论。同时，对国内的气候政策和实践也保持跟进，进行多角度深度报道。只有国际、国内两条线同时开展，气候报道才能有深度、有力度，准确到位地分析并传递信息。

在国际气候规制国内化的过程中，一方面要向国内公众传递全世界对气候变化风险的共同认识，传递国际社会走到一起共同面对的决心，这会有助于提升公众对气候变化严重性和紧迫性的整体认知。同时当气候治理在国际层面出现困难或停滞时，在国内层面加强对政府相关政策的大力报道，让公众看到政府推出的有效治理举措，坚定共同应对气候变化的信心。

其次，非政府组织也可以在压力传导中发挥积极作用。

在中国开展气候变化工作的国际非政府组织既了解国际谈判局势，又了解中国的实际情况，在传导国际规制压力上有独特的优势。当中国处于国际舆论压力时，嗅觉敏感的国际媒体会提出采访需求，国际非政府组织内部协调机制灵活，反应周期一般会短于政府，所以第一时间接受采访的往往是国际非政府组织的发言人。一般情况下，这类组织内部会紧急进行跨国磋商，不同国家办公室的工作人员通过邮件或电话就问题的起因、责任方、原则、立场等进行快速梳理并校准。此时，国际组织中的中方工作人员在校准过程中发挥着关键的把关作用，保证与中国相关的信息是与实际情况相匹配的。所以，要争取这些国际非政府组织的理解和支持，中国政府应该和这些组织中的中方工作人员保持经常性沟通，保证这批工作人员充分理解中国政府的立场，避免产生不必要的误会。这样，当压力出现需要解释时，国际非政府组织可能发挥缓冲的作用，化解一部分压力，给中国政府更充分的准备时间。同时，非政府组织与媒体存在天然的联系，国际非政府组织对国际媒体议程设置和话语框架的把握相对精准，在一定程度上可以帮助中国政府准备更恰当的回应。过去几年成长起来的政策研究类的本土非政府组织与国际媒体的合作越来越多，逐渐成为国际媒体的信息源，争取他们的理解和支持同样重要。

三　跨层次：“协同治理”策略

双层博弈理论强调国际、国内两个层面的互动。充分互动的前提是各利益相关者在共识基础上的共同参与、协商合作。气候变化是复杂的、跨领域的公共难题，不同利益相关方在气候变化问题上通过协同治理，形成最大获胜集合，共同应对气候变化。

2015 年巴黎气候谈判结束后，各方对中国在全球治理中的作用有了更高的期待，国内层面不同利益相关者加强协商互动，才能有更创新的气候变化问题解决路径。相应地，气候传播也就有了更扎实的内容，传播的动力就更充足，中国在国内的获胜集合也会更大。这种效应外溢到国际层面，中国参与国际气候治理的主动权会更多，在全球气候治理中可以发挥更具建设性的作用。

本书第四章分析了中国气候变化传播与治理的国内层次利益相关者，得出政府、科学家、媒体是确定型利益相关者、非政府组织是预期型利益相关者、公众和企业是潜在的利益相关者。争取最大获胜集合，实现协同治理，要获得大多数利益相关者的支持。

1. 国内层面利益相关者关系现状

在理想的情况下，气候传播与治理是各利益相关方参与的动态反馈系统：

政府制定气候变化政策，将政策告知各利益相关者，并开放渠道接受各方反馈和监督；

科学家研究气候变化知识，针对不同利益相关者进行传播，并根据各利益相关者的反馈调整研究方法；

非政府组织参与并监督科学知识的公正性和政府政策执行的过程，

推动企业减排，与媒体合作动员公众行动，并将舆论评价反馈给政府和企业；

媒体通过报道提升各利益相关者对政策的认知，并收集公众对气候科学和政策的意见分别反馈给政府和科学家，监督各利益相关者的行动；

公众在接受的各类气候变化信息和知识基础上与各方组织互动共同应对气候变化；

企业自觉落实政府的减排要求，将低碳环保纳入产品标准，推动消费者践行低碳，给政府和媒体提供优秀案例。

图6-1是笔者结合2015年气候变化传播与治理的利益相关者动态反馈关系整理的图示。其中，实线为现阶段较理想的环节，虚线为有待加强环节。

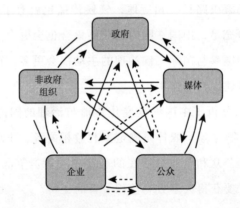

图6-1 利益相关者动态反馈关系分析（2015年）

资料来源：笔者自制。

通过本书前几章对三大主要利益相关方的分析可以发现，现阶段，非政府组织与媒体、非政府组织与公众、媒体与公众在气候传播中的交流互动已趋常规化，但媒体对政府的气候政策执行情况的监督还停留在表面，对政府的信息反馈机制有待形成；政府对非政府组织的态度在哥本哈根谈判后尝试由管理到治理，气候变化成为中国政府尝试与非政府组织合作的实验田，双向合作正在探索中，非政府组织深度参与气候政策制定的机会有望增多。

此外，其他几组关系以单向居多，协同治理的意识有待提高，机制建设有待加强，这包括：政府制定减排指标要求企业落实，企业对政府的反馈渠道不能得到完全保障；政府制定低碳政策要求公众落实，公众需要真正参与到低碳政策制定中；企业通过媒体宣传自己节能减排的效果，媒体对企业的监督还有待加强；非政府组织监督企业节能减排承诺的兑现情况，企业与非政府组织的互动尚不足够。而企业与公众的双向互动则还没有建立，仍以商业层面的关系为主。

值得注意的是，图 6 - 1 中缺席一个气候传播与治理的关键角色——气候科学家。科学家在中国应对气候变化中发挥的作用更多的是幕后支持，包括为政府充当智囊、为媒体提供信息，为非政府组织做项目。虽然是确定型利益相关者，但无论是气候传播上主动性，还是与其他五类利益相关者的双向互动关系均有待加强。

在明确薄弱环节的基础上，笔者认为，可以设计相应策略，使六位一体的动态反馈系统运行起来，在最大程度上调动各方的行动积极性，实现协同治理，争取最大获胜集合。国内层面实现协同治理，推动更多应对气候变化行动，同时帮助中国在国际层面更积极地参与，从而贡献于全球气候治理进程。

2. 下一步策略分析

根据上文针对图 6 - 1 的分析可以发现，后巴黎时代，国内层面的气候变化应对和传播主要有以下四个问题：首先，各利益相关者对政府气候政策的反馈和监督机制还有待完善；其次，科学家在气候传播中缺位；再次，企业参与气候传播与治理的积极性不充分；最后，公众对气候变化的认知与行动之间有差距。

针对第一个问题，政府的改革开放在继续，相关反馈渠道也在逐步建设中。全球气候变化具有规模巨大、时间跨度长、性质复杂、责任和影响不均衡等特点，是一项系统工程，涉及多个领域，通过开展公众气候变化认知状况调查主动了解公众心理诉求，可以增强相关政策推行和社会行动推广的针对性，在一定程度上回应动态互动关系中信息反馈不足的问题。

针对第二个问题，科学家掌握着气候变化问题的科学原理，可以进一步发挥其专业特长，从幕后走到台前，借助不同平台，传播气候变化知识。2014 年 IPCC 报告发布后，国家应对气候变化专家委员会就曾和 IPCC 合作，走进校园宣讲气候变化科学的最新发现，收到较好的反馈。

针对第三个问题，企业是节能减排的生力军，而且，因为与公众有直接的经济往来，如果企业管理者在战略层面真正重视气候变化问题，也能在气候传播中发挥特殊的作用，达到多方共赢的效果。

沃尔玛案例

沃尔玛曾被环保组织批评为"环境的破坏者"，其后几年，沃尔玛在全球掀起一场能源革命，不但扭转了品牌形象，还改变了消费者的消费习惯。2005 年，当沃尔玛意识到 LED 照明的节能作用时，决定抓住这个机会改变自身形象。但在当时，美国人使用白炽灯已经有 130 年的历史，而且 LED 灯比白炽灯的灯泡要贵八倍，所以当时美国民众的接受度非常低。沃尔玛计划 2008 年前卖出 1 亿只 LED 灯泡，这意味着全美 LED 灯的销售会翻倍，将节约 30 亿美元的用电消耗，可以少建一座发电厂。因为面临着来自传统思维和消费习惯的巨大阻力，当年十月，沃尔玛邀请 LED 灯的制造商、学者、环保人士、政府官员聚在一起召开峰会，共同讨论如何应对。制造商们在专家的指导下改革了 LED 灯的制作工艺。即便如此，2005 年沃尔玛才卖出 4000 万只 LED 灯泡。之后，沃尔玛开始做供应链上各方的工作，促成新一轮的价格下调和技术改造。沃尔玛还主动找到批评自己的环保组织表明自己要成为环保领袖的决心，请其对自身进行监督。为了令消费者更容易看到，沃尔玛改变了 LED 灯泡在货架的摆放位置，通过实物展示、条幅宣传等方式进一步吸引消费者的注意。接下来，沃尔玛还展开了新一轮的倡导活动，美国前副总统戈尔的纪录片《无法忽视的真相》的制片人帮沃尔玛设计了一个网页，统计 LED 灯泡在全美的销售情况，并用数据可视化技术做成实时动态地图，消费者可以直观地看到有多少人在同时购买 LED 灯泡，从而有更多动力参与到这场遍及全美的节能运动中。同时，谷歌和雅虎也通过各自的搜索引擎帮助沃尔玛做宣传推广，使用 LED 灯泡逐渐成为美国人的生活习惯。2013年，沃尔玛宣布在俄亥俄州的南欧几里德开设首家 100% 采用 LED 照明的门店，相比白炽灯泡，LED 灯泡少耗能 80%，而且使用寿命是白炽灯的 25 倍之多，同时，LED 灯比白炽灯和紧凑型荧光灯产生的热量少得多，减少了冷却成本。这意味着新沃尔玛门店将在接下来的几十年获得节能效益。

沃尔玛的案例说明，一个真正有社会责任感的公司可以在推动公众行动和获取声誉及收益中做出很好的平衡，满足不同利益相关者的期待。在这一点上，中国企业有一定进步。

在 2015 年的巴黎气候大会上，来自 5 个主要商业协会和 17 个行业的 90 名中国企业家，组成了中国在联合国气候大会历史上最大的企业家代表团参会。万科前董事长王石作为优秀企业家代表，介绍了他参加哥本哈根谈判后一直关注气候问题，万科以绿色建筑为己任，加入了 WWF 的"绿色减排先锋"，一方面要实现绿色供应链的追踪，另一方面承诺公开绿色建筑技术以及相关专利。

巴黎谈判第一天，包括中国、巴西、加拿大、美国、德国、法国等在内的 20 个国家联合发布"创新使命"倡议，承诺未来五年将其政府或以政府主导的清洁能源研发投资增加一倍，以扩大公共与私营部门对全球清洁能源创新的投资，加速全球清洁能源转型。

与"创新使命"同时启动的还有来自 10 个国家的 28 位私营部门领袖共同参与的"突破能源联盟"，中国阿里巴巴集团董事局主席马云、红杉资本中国基金创始管理合伙人沈南鹏、SOHO 中国潘石屹和张欣夫妇等均参加了这个联盟，承诺支持气候友好的能源技术从研发阶段进入市场，实现商业化推广。中国企业在国际气候舞台上的高调亮相，让全世界看到了中国应对气候变化、参与全球气候治理的雄心。

针对第四个问题，调动公众行动是下一步气候传播的关键。中国公众气候认知调查数据显示，公众对气候变化的认知度普遍较高，但是，只提升意识、激发讨论并不能带来直接的行为改变。

根据调查，电视仍是气候传播的主渠道。考虑到气候变化议题本身的严肃性和不可触摸性，可以借鉴发展传播中的娱乐教育理论，以娱乐的方式传播低碳相关知识和成功的社区实践，带动更多公众加入低碳生活的行列之中。在这方面欧美国家的探索相对较多，在喜剧、历史类节目、气象类节目、脱口秀、儿童节目中都曾有过尝试。最成功的案例是好莱坞电影《后天》，一部影片让气候变化的严重后果一夜之间家喻户晓。中国也可以策划以低碳生活为主题的"达人秀"电视节目，还可以找专业的团队制作低碳主题的系列生活情景喜剧。通过这些方式，可以让更多普通公众对什么是低碳、什么是低碳生活、选择低碳生活对国家和个人的好处等问题有进一步的认识，并从中掌握低碳生活的行动点。

此外，还应该重视分众研究。由于受气候变化影响的条件不同，相应的脆弱性、反应能力和恢复力也不同，会带给各地公众不同的气候变化认知。这些认知的差异又因为不同人群性别、年龄、民族等差异而变得更加复杂。要根据具体的情况制定相应的气候变化应对和传播政策，就需要进行有针对性的分众研究。笔者在 2013 年主持了中国城市公众低碳认知调查，并发布了《四类低碳人》的研究报告，在测量公众"低碳概念认知""低碳政策认知""低碳付费意愿"和"低碳行为"四个核心属性认知状况的基础上，梳理了有关低碳认知与行为的四类人的主要特点，用以概括当前中国公众对低碳认知的基本特点。

在分众研究中对农村地区，特别是贫困偏远地区的气候传播应该得到进一步重视。农村地区在气候变化面前脆弱性最高，他们对气候变化有直接的感性认识，同时，也积累了很多宝贵的民间智慧和本土知识。基于这种情况，针对农村地区的气候传播也应该是双向设计，一方面，通过多样化的渠道向农民宣传气候变化的确定性，提供风险认知培训，另一方面，邀请更多专业人士深入农村，收集农民世代相传的应对气候变化的本土知识，在汇总后进行深入研究，挖掘其背后的逻辑和规律，用于经验推广和与其他发展中国家的交流，使这些本土知识发挥更大的价值。

为了调动更多人参与和投入行动，还要对受众的话语方式、心理特点和思维方式进行分析，才能做到有效的传播。

乐施会案例

作为一家扶贫和发展机构，乐施会在气候变化上关注的重点是帮助弱势贫困群体应对气候变化。在气候变化领域中，如果只是反复强调这一点，无论是捐款人还是普通公众，时间久了都会觉得厌倦。为了更好地调动公众，乐施会围绕这个重点设计不同的框架，配合以不同活动，瞄准不同的目标受众，有针对性地深入解读气候变化与贫困的关系，兼顾了可持续性和时效性。比如，2014 年 3 月，借 IPCC 最新发布的第五次气候变化评估报告中提到"气候变化对粮食安全和全球饥饿的影响将会比预期更加严重，而且也比预期来得更早"的结论，乐施会选择了食物安全框架来阐释气候变化的危害，策划了"食物与气候公正"活动，并在全球 40 多个国家启动，强调气候变化对食物安全和小农户，尤其是妇女、儿童等脆弱人群的负面影响。针对政府部门，乐施会采用提交研究报告进行倡导的策略，发布了研究报告《酷热与饥饿：如何阻止气候变化影响抗饥饿行动》，报告分析了十项影响国家为人民提供食物的能力的重要因素，呼吁政府重视。针对跨国公司等私营部门，乐施会借助消费者的力量展开全流程监督，要求私营部门公开排放数据，采取积极有效的行动减少危害性排放，保护贫困农民，确保每个人都有足够的和高质量的食物。针对消费者，乐施会设计了"惜每餐、品四季、常素绿、挺小农、巧煮意"的兼顾食物安全与低碳生活的宣传语，在超市、购物广场等不同场合进行宣传。虽然活动类型丰富，但在所有活动的宣传文案中，乐施会传递的信息点是一致的：气候变化已经成为我们战胜饥饿和贫困所遇到的最大的挑战之一。极端气候事件和变化的季节正在摧毁收成、推高食物价格并降低食物品质，它会影响农民们种什么、住哪里，也会影响生活在城市里的人们的选择。而且，这些影响不只对我们这一代，还将影响我们的下一代。正是因为有了这样明确的核心信息基础上的针对性传播，仅用了一年时间，全球已经有六个国家的政府接受了乐施会的建议，将气候变化下的食物安全问题列为关注重点，包括雀巢、百事等在内的五家跨国公司同意公开排放数据，全球近 2 亿人参与了"食物与气候公正"活动。

通过前文分析，为了实现协同治理争取国内层面的最大获胜集合，包括科学家在内的所有利益相关者都应该行动起来，在动态反馈体系中发挥积极作用。只有这样，才能帮助中国在全球气候治理中主动发挥积极作用，推动全球气候治理的进程。全球气候治理的顺利推进，又可以进一步带动国内各方应对气候变化工作的积极性，从而真正形成"双层多维"的协同治理格局，推动后巴黎时代中国与各方的互动共赢。

第七章　全球气候治理"双过渡"新阶段与中国选择

　　全球治理是动态发展的过程，气候变化是全球治理的重要议题之一，受到国际政治和经济格局的双重影响。在全球性金融危机导致的世界经济低迷大背景下，2016 年欧洲难民潮引发新矛盾、英国脱欧引发欧盟一体化进程倒退，美国大选暴露社会分化，这一系列事件让潜藏的危机浮出水面，"逆全球化"思潮和保护主义倾向抬头，主要经济体政策走向及外溢效应变数较大，不稳定不确定因素明显增加。在国际国内双层博弈场上，欧美国家的关注焦点出现明显内移，参与全球治理的重要性和迫切性降低，相应地，其在全球气候治理中发挥领导力的意愿也受到不同程度影响。

　　2016 年 11 月 7 日新一轮联合国气候大会（COP22）在北非国家摩洛哥的马拉喀什举行，气候变化怀疑论者特朗普在大会开幕两天后赢得美国大选，全球气候治理的不确定性增加。

　　本章的核心观点是 2016 年联合国马拉喀什大会后全球气候治理进入"双过渡"新阶段，主要表现在两个方面：一是全球气候治理结构中，中美携手发挥气候领导力的顶层设计被打破，领导力进入变更期；二是减排模式进入由"自上而下"到"自下而上"的过渡。"双过渡"新阶段对中国来说既是机遇也是挑战，中国应明确气候传播与治理的战略选择。

第一节 全球气候治理进入"双过渡"阶段

从 20 世纪 70 年代到今天，全球气候治理经历 40 多年的波折发展，形成了包括《联合国气候变化公约》《京都议定书》《巴黎协定》在内的多项重要阶段性成果。其中，《联合国气候变化公约》奠定了全球气候治理体系的基本框架，《京都议定书》和《巴黎协定》是全球气候治理中具有法律效力的两个里程碑文件。在治理的顶层设计层面，《京都议定书》时代发挥气候领导力作用的是欧盟，对《巴黎协定》生效发挥关键作用的是中国和美国。在减排模式层面，《京都议定书》确定的是"自上而下"的模式，《巴黎协定》推出的是"自下而上"的模式。随着国际政治格局的进一步变化，全球气候治理的不确定性进一步增强，在领导力格局和减排模式上面临双重挑战，"双过渡"成为这一阶段的典型特点。

一 气候治理顶层设计中的领导力过渡

气候变化是典型的全球公共产品，涉及社会经济发展的各个领域。美国学者奥尔森在《集体行动的逻辑》中解释了集体困境理论的核心，即除非一个集团中人数很少，或者存在强制或其他特殊手段以使个人按照他们的共同利益行事，否则有理性的、寻求自我利益的个人不会采取行动以实现他们共同的或集团的利益。从《京都议定书》到《巴黎协定》，全球气候治理在国际社会共同努力下取得了重要进展，成功克服了集体困境。在国际合作和谈判中，尤其是在克服障碍达致国际协议和建立国际共识方面，领导力发挥着决定性作用。传统认为，领导力是一种不对称的影响关系，一方通过引导或指挥其他行为体的行动来达致一个目标。领导力可以提供一种其他方愿意模仿的模式，降低集体行动的不确定性。

回顾全球气候治理，特别是国际气候谈判的进程，可以发现气候领导力一直处于交接中。

1997 年 12 月，140 个国家签署通过《京都议定书》，确定了"自上而下"的减排义务，即到 2010 年所有发达国家排放的二氧化碳等六种温室气体的数量，要比 1990 年减少 5.2%，发展中国家没有减排义务。《京都议定书》生效的前提是要有在 1990 年占造成温室效应气体排放量 55% 的国家批准。美国在克林顿政府时期曾签订了《京都议定书》，但布什政府上台后在 2001 年宣布退出，拖延了《京都议定书》的生效。2004 年底，俄罗斯批准《京都议定书》，使《京都议定书》具备了生效的关键条件，并于一年后正式生效。如果领导力意味着带头采取实质性减排措施的话，《京都议定书》时代，美国和中国都不情愿在全球气候治理中发挥领导力角色。尤其是作为当时的最大排放国和最大经济体的美国的退出，进一步降低了《京都议定书》规定的"自上而下"的强制性减排模式的效率。欧盟在京都时代的议程设置方面发挥了巨大作用，在美国退出的情况下，通过提出文本草案和寻求与发达国家及发展中国家的双向妥协与合作，推动和领导了《京都议定书》的生效过程。欧盟还采取积极措施影响其他关键国家通过国内批准，在生效后积极践行和推动履约。但根据学者 2008 ~ 2011 年做的关键行为体调研（如表 7 - 1 所示），欧盟在 2008 年后的气候领导力出现萎缩。尤其是在哥本哈根会议期间，欧盟确立的单一轨道进程不但没有实现，反而遭到强烈反对，"直接导致被边缘化"（Parker, Karlsson & Hjerpe, 2015：434 - 454）。

表 7 - 1　关键行为体气候领导力认知分析（2008 ~ 2011 年）

气候领导力分析	COP14 （2008 年）	COP15 （2009 年）	COP16 （2010 年）	COP17 （2011 年）	偏差 （2008 ~ 2011 年）
欧盟	62	46	45	50	- 12
中国	47	48	52	50	+ 3
七十七国集团	27	22	19	33	+ 6
美国	27	53	50	42	+ 15

引自 Charles F Parker, Christer Karlsson, Mattias Hjerpe, "Climate Change Leaders and Followers: Leadership Recognition and Selection in the UNFCCC Negotiations", *International Relations* Vol. 29 No. 4, 2015, pp. 434 - 454.

（注：样本量 1571）

欧盟失去气候领导力后，全球气候治理第一次出现领导力真空，呈现碎片化趋势。联合国巴黎气候大会前后，中美两个大国众望所归，携手肩负起了全球气候治理领导力的责任，推动全球气候治理形成了中美大国协调、多边治理、多元利益相关方广泛参与的治理模式。

从欧盟到中美，全球气候治理气候领导力完成第一次过渡。中美是世界上两个最大的经济体和最大的排放国，其态度决定了全球气候治理的力度和走向。2014 年 11 月、2015 年 9 月和 2016 年 3 月，中美两国领导人先后发布三次气候变化联合声明，2015 年 12 月 13 日，196 个缔约国达成《巴黎协定》，就 2020 年后全球共同应对气候变化做出机制安排。在各国国情、利益和认知上存在巨大差异的情况下，联合国巴黎气候大会取得了公认的外交成功。2016 年 4 月 22 日，《巴黎协定》高级别签署仪式在纽约联合国总部召开，包括中美两国在内共有 175 个国家的领导人签署该协定，创下了国际协定开放首日签署国家数量最多的纪录。2016 年 9 月 4 日，中美在二十国集团峰会前率先宣布批准《巴黎协定》，将参加《巴黎协定》的国家的排放量占全球的排放份额提高到近 40%，为了推动达成有历史意义的《巴黎协定》及其最终生效发挥了关键作用。10 月 5 日，《巴黎协定》达到两个生效条件，即 55 个缔约国加入协定，且涵盖全球 55% 以上的温室气体排放量。11 月 4 日，《巴黎协定》正式生效（见表 7 - 2）。

表 7 - 2　《巴黎协定》正式生效关键事件

	重大事件
2014 年 11 月	中美两国领导人第一次气候变化联合声明
2015 年 9 月	中美两国领导人第二次气候变化联合声明
2016 年 3 月	中美两国领导人第三次气候变化联合声明
2015 年 12 月 13 日	196 个缔约国达成《巴黎协定》，就 2020 年后全球共同应对气候变化做出机制安排

续表

	重大事件
2016 年 4 月 22 日	《巴黎协定》高级别签署仪式在纽约联合国总部召开，包括中美两国在内共有 175 个国家的领导人签署该协定，创下了国际协定开放首日签署国家数量最多的纪录
2016 年 9 月 4 日	中美两国在二十国集团峰会前率先宣布批准《巴黎协定》，将参加《巴黎协定》的国家的排放量占全球的排放份额提高到近 40%，为了推动达成有历史意义的《巴黎协定》及其最终生效发挥了关键作用
2016 年 10 月 5 日	《巴黎协定》达到两个生效条件，即 55 个缔约国加入协定，且涵盖全球 55% 以上的温室气体排放量
2016 年 11 月 4 日	《巴黎协定》正式生效

资料来源：笔者自制。

　　《巴黎协定》是迄今最复杂、最敏感也是最全面的气候谈判的结果，它在如此短的时间里得以生效体现了世界各国面对气候变化采取全球行动的坚定决心，充分展示了中美两国携手的号召力。

　　2016 年 11 月 7 日，联合国马拉喀什气候大会召开，作为气候变化《巴黎协定》正式生效后的首次大会，马拉喀什大会的结果将对此后数年的气候谈判产生决定性影响，切实检验了各方承诺的效力和可信度。马拉喀什气候大会开幕两天后，美国总统大选结果揭晓，气候变化怀疑论者特朗普赢得美国大选。

　　特朗普在竞选时曾有否定气候变化的言论，认为气候变暖是"阴谋"，不相信气候变化与人类活动有关，并声称当选后让美国退出《巴黎协定》，停止美国对联合国气候变化项目的一切资金支持。特朗普就职第一天，白宫官方网站马上删除了"气候变化"所有内容，发布了不含"气候变化"一词的"美国第一能源计划"（White House，2017）。特朗普还提名石油公司的人担任国务卿，提名气候变化怀疑论者领导环保署的工作，被指责为"让纵火犯负责救火"（林小春，2017）。可以确定的是，美国政府不会再继续奥巴马政府时期的积极气候政策，《巴黎协定》奠定的中美携手的气候领导力格局被打破。因为美国的突然转向，全球气候治理被动进入第二次领导力过渡阶段。

回顾气候治理领导力交接的过程，中国在第一次气候领导力交接中只是被动跟随。在第二次气候领导力交接过程中，中国从"跟随者"转变为"引领者"。中国态度发生转变有两方面的原因。

首先是 2009 年联合国哥本哈根气候谈判对中国的强烈冲击。哥本哈根谈判的规模和规格超出之前的历次谈判，气候谈判的议题也更加复杂，中国政府高度重视这次谈判，国家领导人亲自出面主动斡旋，但参与谈判的 190 多个缔约国普遍选择坚守上限，挤压妥协和协商空间，不愿意在本国利益上做出任何让步。最终这次谈判只是签署了一份没有法律约束力的协议。英国《卫报》第一时间发表文章，指责中国等少数国家"劫持哥本哈根谈判"（LYNAS，2009）。美国也顺势将哥本哈根谈判失利的责任推到中国头上。中国被贴上"哥本哈根谈判的劫持者"的负面标签，国际形象受到严重的影响。这是促使中国参与全球气候治理态度转变的外在刺激因素。

其次，按照双层博弈的观点，一个国家在国际层面的态度转变与国内政策环境的改变是互相影响的。从内因来看，2000～2013 年，中国国内经济发展是以煤炭、钢铁为支柱的重工业，相比经济发展，气候变化与环境保护没有被放到政策制定者的首要任务清单中。所以在哥本哈根谈判中，中国政府在各方面的态度和立场比较强硬，能妥协的空间并不大。因为看到了追求经济快速发展造成的环境破坏和自然资源枯竭，2011 年中国政府发布的"十二五"规划开始把发展低碳经济提高到国家战略高度，强调以绿色、低碳为特征的生态文明是人类共同的发展方向。中国国内开始低碳发展的路径转型，这与全球气候治理的大势一致，也成为中国积极贡献于《巴黎协定》，与美国携手发挥气候领导力的国内动力。

二 减排模式过渡

《巴黎协定》标志着全球气候减排启动了从"自上而下"到"自下而上"的模式转型，2020 年将正式进入"自下而上"模式，所以，从

2015 年到 2020 年是全球气候治理模式的转型过渡期。

2005 年《京都议定书》生效，以具有法律约束力的方式为发达国家分配了强制减排指标，开启了"自上而下"的气候治理模式。"自上而下"模式的法律约束力强，伴有较为严格的遵约机制，核算规则统一，且设有严格的测量、汇报、核证规则以确保透明度，但是各方达成行动共识的难度大、进度缓慢、效率低下。

相比《京都议定书》，《巴黎协定》最大的亮点是采用了"国家自主决定贡献"机制，允许各国根据各自经济和政治状况自愿做出减排等各方面承诺，这种"自下而上"模式替代了《京都议定书》时代确立的"自上而下"强制模式，各国可以根据自己的国情、能力和发展阶段来决定各自的应对气候变化的行动，在"共同"提交国家自主贡献的义务下，"有区别"地做出自己的贡献，动态地发展了《联合国气候变化框架公约》中的"共同但有区别的责任原则"，强调了极大的包容性，最大限度地调动了包括民间社会在内的全面参与。

巴黎大会召开前，已经有 188 个国家向联合国气候变化框架公约秘书处提交了"国家自主决定贡献"预案。为了保证目标的实现，《巴黎协定》又引入"以全球盘点为核心，以五年为周期"的更新机制，弥补了之前全球气候治理体系在定期更新方面的不足。所以，《巴黎协定》是一个重要的里程碑，开启了基于各国自主决定的贡献并辅之以五年定期更新和盘点的"自下而上"的新模式。

《巴黎协定》虽然提出了新的全球气候治理模式的框架性安排，却也是一种"务实的妥协"，尽最大可能满足了各方的基本期待，除了把温度升高控制在 1.5℃ 的目标具有雄心外，总体设计上缺少全球行动目标，没有明确的达峰年限，没有减排时间表，没有取消化石能源补贴的具体方案，更没能给出实现目标的具体要求和机制细节。对于国家自主贡献目标如何衡量、监督和落实，各方此前都没有相关经验，要一起摸着石头过河。而在特朗普当选的强烈外因冲击下，模式转型中的这些内在风险并没有引起足够的重视。

首先，各国的国家自主贡献目标在内容设计上存在缺陷。考虑到未来国际和国内政治经济发展形势，大多数经过严格国内程序制定目标的国家是否能按时完成量化的减排量仍有不同程度的不确定性。另有一些能力有限的发展中国家是用国际机构提供的资金雇佣的国外咨询机构帮助其制定目标，在目标制定之初就缺少拥有感。还有一些发展中国家的目标中提到其贡献的落实需要相应的资金和技术支持，资金和技术是国际气候谈判一直以来的难点，可以想见这些国家在落实其目标时也将遇到巨大挑战。另外，在没有统一标准的情况下，各国提交的自主贡献目标的减排量计算的方法选择、基线设置、目标设计等内容的差异性较大，如何结合紧张的时间表保证自主贡献目标的落实是个问题，根据联合国环境规划署的报告，各方所贡献的减排量距实现 21 世纪末升温幅度控制在 2℃ 以下的目标仍有差距。即使所有目标全部实现，到 2100 年升温仍将接近 3℃。

其次，在约束机制方面，《巴黎协定》强调"道德约束"，依赖国际监督和评估机构。这种约束机制属于内部约束，治理主体的行为多是主动的、自觉的、自愿的，没有要求各国要对各自的自主目标制定对应的国内立法以保证目标实现，没有保证自主目标实现的国内法依据。虽然《巴黎协定》也提出了"全球盘点"的思路，但具体到操作方法，尤其是有效性上有待进一步讨论。《京都议定书》确定的"自上而下"的强制性减排模式之所以不成功，是因为希望达成具有法律约束的强制性要求，遭到发达国家国内的反对。现在的"自下而上"模式吸取了之前的教训，强调主动和自愿以保证最大范围的参与，但由于缺少对应的法律约束，随时可能遭到推诿、拖延，滑向另一个松散的极端，导致减排模式转型的失败。所以模式转型过渡期的机制探索和细节落实非常重要。过渡期如何在两种模式之间寻求平衡，从而有效实践全球治理，这是摆在国际社会面前的一个关键问题（见表 7-3）。

表 7-3　《巴黎协定》与《京都议定书》的执行机制对比

名称	《京都议定书》	《巴黎协定》
机制创新	清洁发展机制、联合履行机制、排放贸易机制	国家自主贡献机制
减排要求	强制减排	自主贡献
减排模式	自上而下	自下而上
约束机制	强制性法律效力	道德约束
约束对象	发达国家	全体缔约方
义务分配	南北二分	责任共担
惩罚机制	有	无

资料来源：笔者自制。

第二节　中国在"双过渡"新阶段的机遇和挑战

从上述分析可见，联合国马拉喀什气候大会后全球气候治理进入治理机制领导力交接和减排模式转型的"双过渡"新阶段，新阶段意味着不确定性的增加，对中国而言也意味着面临新的机遇与挑战。

从领导力过渡的层面，中国的机遇在于有国际社会对中国担当的普遍期待，也有全球气候治理成果外溢贡献于"一带一路"倡议的战略价值。其对应的挑战在于，要对国际社会的期待进行预期管理，在复杂的国际环境中积极探索有中国特色的领导力路线。此外，气候治理的外溢效果还没有形成普遍共识，缺乏相应的理论建构。

从减排模式过渡的层面，机遇在于中国的自主贡献目标的实现情况比较理想，在方法论和透明度上也有一定的提高。挑战在于，如果在国内成绩的基础上，进一步贡献于全球气候治理的整体进程，应该在保证自己目标实现的同时致力于帮助其他国家实现目标，这就要从模式本身的细节着手，落实评估、监督等制度安排，并率先遵守这些制度。如果推进过激，可能使中国出现能力透支的问题，影响国内经济结构转型和深入参与全球治理的双重大局。

一 机遇分析

从领导力过渡的角度，美国总统的更迭反映出《巴黎协定》所构建的全球气候变化治理体系存在政治不确定性，其有效性在很大程度上取决于各国领导人的政治意愿。特朗普上台后，中美两国携手打造的领导力结构濒临破裂，在美国可能"缺席"的情况下，中国继续发挥领导力，既符合国际社会的普遍期待，也有助于中国更稳健地开展大国外交，进行宏观战略布局，实施"一带一路"倡议。

首先，美国"撤退"带给全球治理很大的不确定性，国际社会对中国在包括应对气候变化在内的多个全球治理议题中发挥领导力抱有"普遍期待"（Loughran，2016）。2017年1月17日，中国国家主席习近平参加瑞士达沃斯峰会，峰会的主题是"领导力：应势而为，勇于担当"。这也是中国国家领导人第一次参加世界经济论坛。习近平主席在开幕式上发表了题为《共担时代责任 共促全球发展》的主旨演讲，表示"要坚持多边主义，维护多边体制权威性和有效性。要践行承诺、遵守规则，不能按照自己的意愿取舍或选择。《巴黎协定》符合全球发展大方向，成果来之不易，应该共同坚守，不能轻言放弃"（习近平，2017）。发言还强调了要牢固树立人类命运共同体意识，共同担当，同舟共济，共促全球发展。这是中国领导人对于国际社会关心的包括气候变化在内的全球治理和国际秩序难题的高调回应，明确表达了中国坚持多边主义，坚守《巴黎协定》的积极意愿。相比之前中国在全球治理问题上表现出的"谨慎的积极，有时还会紧张"的态度，这一次，中国表现出的坚持多边主义和全球治理的意愿是明确的。在全球面临重大不确定性的背景下，这次演讲给全球治理注入了一剂强心针，得到国际社会的积极评价，也赢得了各方对中国角色和担当的进一步期待。《华盛顿邮报》评论认为"如果我们回看过去5年或10年，可以说这确实是一个转折点，中国向世界领导者的角色更近了一步"。英国《卫报》发表文章认为习主席的演讲为经济全球化进行了强力辩护，捍卫了

《巴黎协定》，显示出"中国有意在国际舞台上承担更重要的角色"。可见，中国继续发挥领导力符合国际社会期待，这是中国巩固国际话语权，树立国际形象和占领道德高地的重要外部条件。

其次，积极把握领导力过渡期的机遇，有利于中国在全球气候治理经验基础上进行更宏观的战略布局，为"一带一路"倡议的进一步落实提供有力支撑，将全球气候治理的经验贡献于中国全面引领全球治理的进程中。中国国家主席习近平于2013年提出"一带一路"倡议，在这一倡议的引领下，中国对外开放进入新阶段。几年间，合作不断开花结果，影响席卷全球。战略的实施不但影响全球政治经济格局，也将对沿线国家的能源、资源和环境产生重大影响。2016年6月22日，习近平主席在乌兹别克斯坦最高会议立法院演讲时强调，要打造"绿色、健康、治理、和平"的丝绸之路，其中，"绿色"排在第一位，强调着力深化环保合作，践行绿色发展理念，加大生态环境保护力度。特别值得注意的是，"一带一路"倡议与国际层面的南南合作框架高度重合，涉及国家多为贫困的发展中国家，也是受气候变化影响最突出的国家。站在中国已有的气候话语权和影响力优势上落实"一带一路"倡议，可以帮助贫困发展中国家更好地应对气候变化，以此为切入点，从满足发展中国家应对气候变化的实际需求出发，与沿线国家加强应对气候变化领域的合作，为沿线国家应对气候变化做出应有贡献。

回顾中国参与全球气候治理的过程，从2009年到2015年，中国参与全球气候治理的角色和影响力发生了根本性变化，从被动参与变为积极引领，并得到了国际社会的普遍认同。这在中国参与全球治理的历史上是第一次，也是最快的一次从被动到主动的话语权胜利。如果说"一带一路"倡议是全球治理的新趋势和创新性探索，那么主动总结中国参与全球气候治理的经验，并将其贡献到"一带一路"倡议中，能帮助中国在参与更全面的全球治理议题时赢得更多主动权。

从减排模式的角度来看，在自下而上的自主贡献目标的落实过程中，中国通过提交国家自主贡献、发布评估报告等第一时间掌握了主动权，为下一步发挥更有建设性的作用做好了准备。2015 年 6 月 30 日，中国向联合国气候变化框架公约秘书处提交了《强化应对气候变化行动——中国国家自主贡献》，即《中华人民共和国气候变化第一次两年更新报告》，提出 2030 年左右达到二氧化碳排放峰值并争取尽早达峰、单位国内生产总值（GDP）二氧化碳排放比 2005 年下降60% ~ 65%、非化石能源占一次能源消费比重达到 20% 左右、森林蓄积量比 2005 年增加 45 亿立方米左右等 2020 年后强化应对气候变化行动目标以及实现目标的路径和政策措施。这不仅是中国作为公约缔约方完成的规定动作，同时也是中国政府向国内外宣示中国走以增长转型、能源转型和消费转型为特征的绿色、低碳、循环发展道路的决心和态度。

2016 年 12 月，中国政府按照《巴黎协定》规定提交了第一次两年更新报告，报告提供的数据显示，森林蓄积量的目标已经超额两倍完成，碳强度减排目标实现了 97%，另外两个目标也完成了 60%。在这次的报告中，中国政府采用更科学的方法计算和更新了排放数据，新增了 18 种排放源的计算，而且承诺继续提高方法的科学性。中国在发布更科学的数据、公开目标达成情况、更新目标设定等方面的举措让国际社会看到“中国用实际行动在证明自己在气候治理上的领导力”（Rossa，2017）。

双层博弈理论强调每个国家的领导人同时下两盘棋，一个棋盘是国际谈判桌，对手是其他国家的谈判代表。另一个棋盘是国内谈判桌，要平衡国内不同利益集团的利益，获取最大的获胜集合。同时，双层博弈还强调要从内外互动的视角进行分析，而不是国际和国内因素的简单叠加。从双层博弈的视角分析，全球气候治理“双过渡”的新阶段对中国来说是机遇和挑战并存。从机遇的角度来看，中国内部具备继续贡献气候领导力的意愿和条件，外部具备国际舆论的支持和国际社会的期待，抓住这个机遇巩固气候领导力，不但可以贡献于全球气候治理来之不易的成果，还能贡献于中国的大国外交战略。

二　挑战分析

国际秩序建构和全球治理问题纷纭复杂，中国在全球气候治理机制和模式层面面临双重机遇的同时也暗藏着双重挑战。

从合作格局层面，领导力研究强调，领导力要供需平衡：从供应者的角度，要看谁想成为领导者，要看他怎么说、怎么做，要看他的目标、策略和实现路径；从需求者的角度，还要考察追随者（followers）期待什么样的领导力，谁能满足这样的期待。传统的领导力研究单方面强调"供"，忽略了对"需"的重视。只有在供需平衡下，领导力才能真正可持续。

从需求者的角度，国际社会在巴黎气候大会后普遍认可中国发挥的关键作用，这也为中国继续强化气候领导力提供了良好的外部条件，但如何在复杂的国际形势下精准定位中国特色的领导力，做到既满足国际社会的期待，又彰显中国的大国外交风范，这是摆在中国政府面前的一个挑战。

此外，全球气候治理机制的顶层设计处在重新建构的阶段，要做到在继续推进气候治理的同时，积极总结经验贡献于"一带一路"倡议和更全面意义的全球治理需要更多集体智慧。从现阶段来看，气候变化与"一带一路"倡议之间的逻辑关联还有待进一步梳理和明确，真正从绿色着眼的研究和论述还非常缺乏。虽然"绿色"在"一带一路"倡议中被提高到优先位置，但在顶层设计层面还缺少一致性的行动纲领和计划，需要设立可比较的基准线和指导原则，研究多样化、公平的解决方案、评价体系和行动指南等。"绿色"视角的理论研究缺位和"一带一路"倡议的推进速度是不匹配的。此外，在绿色发展的框架下，从气候角度关注"一带一路"倡议，把气候治理引申到更全面的全球治理，引申到可持续发展目标的论述还不多。顶层设计层面理论建构的缺失将导致战略选择的失误，所以这方面的理论完善是中国更积极发挥全球气候和相关治理领导力的当务之急。

在减排模式层面，从"自上而下"到"自下而上"的过渡存在透明度不足、评估约束机制不完善等诸多问题，而国际社会对中国充满期待。满足国际社会的期待意味着更多责任，要承担责任，不只要有强烈的政治意愿，更要拿出实际行动，才能真正确立公信力。《巴黎协定》的正式生效，标志着2020年后的全球气候治理进入履约阶段。履约能力是"所有影响履约的因素中最重要的"（张海滨，2016）。尽管中国走上了低碳转型的道路，但自身经济发展包袱还比较重。对于中国而言，要借助经济增速放缓和强化结构调整的转型期来加快中国经济的绿色低碳转型，一方面尽快实现温室气体的强度和总量控制目标，同时也借助减排温室气体的各类措施和政策，推动污染控制、实现可持续发展，这是一个"非常重要且系统性的技术创新和制度变革历程"（安树民、张世秋，2016）。除了平衡自身的能力问题，还应该看到发达国家的履约能力也有一定的差别，而发展中国家更是在包括资金、技术、制度和政策等层面普遍存在能力不足问题。不考虑履约能力的盲目行动，随时可能导致出现能力透支的问题。可见，接下来中国要在全球气候治理中发挥领导力，面临着内部外部的系列挑战。

第三节　中国气候治理与传播的战略选择

鉴于以上分析，中国参与全球气候治理要从战略层面做出长效选择，探索有中国特色的气候领导力建设，做出全方位统筹考虑，拿出全球气候治理的中国方案，才能转挑战为机遇，化压力为动力，推动全球气候治理进程，实现中国大国外交战略，进而贡献于全人类的可持续发展目标。

一　中国气候治理的战略选择

有中国特色的气候领导力可以从三个方面来理解。

首先，中国所处的发展阶段决定了中国特色气候领导力不应该是无所不包的，应该抓住特定优势领域重点突破。

其次，从气候治理的复杂性和世界发展多极化的趋势来看，气候治理不再存在唯一的领导力。从中国的外交战略出发，伙伴关系也成为中国外交的一个重要标志，所以，中国特色领导力不会是排他的，应该体现包容性和共享共建。

最后，以"引领"替代"领导"，强调过程中的动态反应，保证战略的灵活开放。

在"双过渡"的新阶段，最为重要的是保持好战略定力，把握外部机遇，巩固在气候治理中的既得优势，为后续继续引领全球气候治理打下坚实基础，应包括短期、中期和长期三个阶段的战略考虑。

短期来看，要应对气候治理的变局，应继续发挥既有优势积极参与全球气候治理的部署，中国的优势领域是联合国气候谈判和南南气候合作。接下来的联合国气候谈判将进入技术讨论层面，强调的是各国提交的国家自主贡献目标的落实。中国政府有落实国家自主贡献目标的信心，在推进履约细节上将有更多主动出击，亮出中国自己的方案。相比而言，气候变化南南合作接下来将面临攻坚战，既要突破南南气候合作基金运作中的机制、体制性难题，完善管理体系，建立长效评估机制，还要积极扩大资金来源，调动包括私营部门在内的多元参与积极性，这对于有效发挥中国应对气候变化的资金和技术优势，赢得与广大发展中国家共同实现可持续发展的道义和舆论支持都具有十分重要的作用。

在现阶段不确定的情况下，中长期的战略考虑对于保持战略定力而言更为重要。中期尺度应推进新型气候领导力的建设，在分析欧盟、美国等曾经发挥的气候领导力类型的基础上，对可能合作的各方做出不同的情景和潜力分析。中国领导人在多个场合强调"包容、合作、互信、共赢"，在这些与时俱进的原则指导下，积极与国际社会开展互动，探索具有中国特色的开放、包容、互惠的新型领导力格局。尤其是考虑到中美关系是当今世界最为重要的双边关系，拥有深厚的基础和广泛的利益，虽然存在一些分歧和矛盾，但双方仍在求同存异、合作共赢的大方向下积极探索有建设性的关系，中国在设计新型气候领导力格局时要给美国留出战略回归空间，这需要更多勇气和智慧。

长期来看是超越气候议题的全球治理顶层设计。全球治理新格局中，中国会更多发挥引领和统筹的作用，而不再是传统意义上居高临下的领导。只有这样才能最大限度地调动各方参与的积极性，用集体的力量解决集体困境。通过系统整理气候治理经验和教训，顺势而为，完成应对气候变化与实现可持续发展目标之间的对接，将气候治理经验借鉴到包括"一带一路"倡议在内的全球治理议题中，助推全球可持续发展目标的实现（如图7－1所示）。

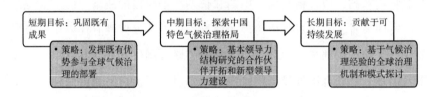

图7－1　新阶段中国参与全球气候治理战略布局设计

资料来源：笔者自制。

总之，联合国马拉喀什气候大会后，全球气候治理进入治理机制和治理模式"双过渡"的新阶段。治理机制层面出现领导力过渡，减排模式层面向"自下而上"模式过渡。中国在两个层面的过渡中有机遇，机遇的背后是挑战。通过战略布局，化挑战为机遇，中国可以在全球治理中做出更有建设性的贡献。

过去几年，全球气候治理是中国参与全球治理的前沿阵地，在赢得话语权和公信力方面积累了丰富的经验教训。气候治理出现"双过渡"，其大背景是国际体系和国际秩序正在经历深度调整。正视全球气候治理"双过渡"阶段的机遇和挑战，并做出正确的战略选择，是中国参与全球治理的又一次"练兵"。在认清新阶段特征的前提下保持好战略定力，中国可以更主动地抓住机遇，迎接挑战，为全面深入参与全球治理积累宝贵经验，积极贡献于人类可持续发展目标的实现。

二　中国气候传播的策略应对

在全球气候治理变局背景下，针对气候治理在短、中、长期三个阶段的战略考虑，中国气候传播也应设计对应的策略。

首先，统筹国际、国内两个舆论场，坚定国际、国内应对气候变化的决心和国际气候合作信念，凝聚共识，巩固既有的气候领导力。

面向国际受众，通过多种渠道，采取多种形式积极传递中国在变局中坚定应对气候变化的信息，让国际社会看到中国的努力，包括中国落实国家自主贡献目标的进度、阶段性成绩，中国公众对应对气候变化的支持和参与等。面向国内受众，应该及时传递国际社会在气候变化领域的积极行动，让国内公众感受到来自其他国家的行动决心，从而支持中国政府承担更多气候领导力。比如，耶鲁大学气候传播项目十多年来一直坚持开展美国公众气候认知度调查，就在特朗普竞选成功后的一个月，该项目进行的民调显示，"70%的美国公众支持限制煤电、火电厂建设，69%的美国公众支持美国政府履行《巴黎协定》"（Leiserowitz，Maibach，etc. 2016）。这些信息如果能够及时被中国媒体报道，对于稳定民心有积极作用。

气候资金问题一直是国际气候谈判的难点，发达国家不愿为发展中国家提供实质性的资金支持。《巴黎协定》确认，2020 年后发达国家向发展中国家每年至少动员 1000 亿美元的资金支持；2025 年前将确定新的数额，并持续增加。根据经济合作和发展组织（OECD）的报告，发达国家对发展中国家应对气候变化的来自公共资金的支持在 2013 年是379 亿美元，2014 年是 435 亿美元，而且 OECD 对 2020 年的公共资金支持做出了预测，预计是 670 亿美元。国际社会对 OECD 报告中的资金数额存在巨大的争议，其统计口径受到很多国家的质疑。即使不考虑对这些公共资金的构成存在的争议，这些数据还远不能满足《巴黎协定》1000 亿美元的资金下限。

全球气候资金缺口巨大。因为信息来源单一，"气候资金不足"在国内媒体多有报道，增加了公众对全球气候治理前途的不安。被国内媒体忽略的是，国际社会并没有因为发达国家在气候资金问题上的迟缓而停步，大量资金流向气候领域。根据气候债券组织的统计，2016 年 12 月国际气候融资活跃。12 月 12 日，澳大利亚 Monash 大学发行全球第一支大学气候债券。12 月 14 日，巴西新经济论坛召开，力推可持续能源基金（SEF），资金池 1.44 亿美元，引导私营部门开展绿色投资，推动巴西国内绿色债券市场增长。12 月 15 日，煤炭大国波兰发行 7 亿欧元的国家气候主题绿色债券。[①] 中国媒体主动获取并报道这些信息，不但可以提振国内信心，还可以给气候融资提供新思路。

其次，与国际媒体、非政府组织结成议题联盟，加强对各国国家自主贡献目标落实的监督，充分发挥社会驱动力。

社会驱动的自下而上减排模式缺少强制性标准，需要通过道德性、舆论性和规范性力量来监督落实，这是实现《巴黎协定》目标的新挑战。推动有关可持续发展议题的发展与落实是非政府组织的天然使命。在公众对气候变化知之甚少的时候，正是非政府组织通过各种倡导行动启蒙公众，使其意识到气候变化的危害，并积极行动，从自身做起对抗气候变化。在全球气候治理中，非政府组织具有监督的使命，非政府组织参加国际气候谈判的角色定位就是第三方监督，保证发达国家和发展中国家的力量平衡，在这一过程中也积累了一定的专业能力。"自下而上"的治理模式给非政府组织提供了新的空间，非政府组织会更主动地与媒体、政府结盟，制定标准，完善机制，履行监督职责。2015 年底的联合国马拉喀什气候大会上，德国政府和摩洛哥政府共同发起"国家自主决定贡献目标伙伴关系"倡议，由非政府组织世界资源研究所执行，为各国落实国家自主贡献提供信息、知识、技术和资金支持。[②] 这种合作得到国际社会的肯定，也启发更多伙伴关系和议题联盟

---

① 数据来自气候债券组织官网，http：//www.climatebonds.net/2016/12/poland-wins-race-issue-first-green-sovereign-bond-new-era-polish-climate-policy。

② 详见国家自主决定贡献目标伙伴关系网站，www.ndcpartnership.org。

的出现，发挥舆论监督的作用。

中国的国家自主贡献兼顾了减缓和适应，还明确提出从当前到2020年、2030年及以后的行动路线图，为目标的落实提供了详细的实施路径，被誉为世界范例。在有这一战略自信的基础上，中国可以欢迎国际媒体和非政府组织的监督，在国家自主贡献目标落实中树立榜样，一方面助力气候治理模式转型，同时也可以为中国的气候领导力加分。

最后，主动总结，深化议题，拓展气候传播广度和深度。

在理解应对气候变化与联合国可持续发展目标之间的协同性基础上，主动总结气候治理和气候传播的经验，挖掘气候变化与可持续发展之间的深层次关系，并用受众能理解的话语进行框架选择，实现协同传播效果，从而拓展气候传播的广度和深度。

深化议题的前提是对现有议题的充分理解。全球气候治理变局下的气候传播应该把握两个原则。其一，坚持共同但有区别的责任原则。共同但有区别的责任原则是《联合国气候变化框架公约》规定的基本原则，是国际气候治理机制的重要构成要素，也是一直以来以中国为代表的发展中国家坚守的底线。《巴黎协定》在适用该原则时加入了动态因素，有观点认为《巴黎协定》强调了共同性，但弱化了区别。媒体在传播相关议题时要注意把握。其二，虽然美国总统特朗普对于气候变化持否定态度，但考虑到美国在国际秩序和全球气候治理中的重要性，气候传播应该从长计议，在话语选择上为美国回归留出战略回旋余地，也为中国争取主动灵活的战略空间。

拓展气候传播的广度和深度，不能只单纯依靠媒体，而应依托或主动建立利益相关方伙伴关系队伍，尤其要重视企业的力量。企业是节能减排的生力军，而且，因为与公众有直接的经济往来，如果企业管理者在战略层面真正重视气候变化问题，还能在气候传播中发挥特殊的作用，达到多方共赢的效果。联合国马拉喀什大会期间，来自中国的女企业家何巧女宣布拿出1亿元人民币建立气候变化专项基金，这笔资金成为《巴黎协定》正式生效后全球第一笔来自民间的资助，因为是在联合国气候大会召开的时机发布，从而为国际社会坚持气候治理注入一剂强心针。

总之，全球气候治理变局下加强中国气候传播具有特殊的意义，在经验教训基础上部署好应对策略，就能在变局中以不变应万变，赢得战略主动。

第八章　结论与展望

在前七章理论梳理和案例分析的基础上，本章将评估"双层多维"研究框架及综合运用相关理论工具的价值，总结中国过去八年参与全球气候治理的经验，展望中国气候传播与治理的未来之路。

第一节　主要结论

一　理论层面："双层多维"研究框架构建

通过前面几章理论和案例的分析，笔者尝试构建一个"双层多维"的全景研究空间。双层，是指国家单元面对的国际、国内双层次博弈格局。多维，是指同时考察参与主体、时间等不同维度。通过这个框架可以及时把握处于内外博弈中的国家的动态变化。

全球治理是指国际舞台上的行为体通过集体行动来解决全球共同问题的过程。在对全球治理层次的推进研究中，学者们对治理路径的认识逐渐清晰，多层多元的合作治理成为各方高度共识的最有意义的全球治理方式。全球治理模式从国家中心主义治理向多元多层协同治理的转型，不仅是对全球治理现实的反映，也是全球治理不断走向深入的表现；不仅有利于推动全球治理朝着更加民主、公正、包容的方向发展，也将推动治理体系逐渐实现动态、良性发展；不仅将提升全球治理的有效性，也将提升整体治理的协同效应。

从多层的角度，基欧汉和约瑟夫·奈将全球治理划分为三个垂直层次：超国家的（包括跨国公司，政府间组织和非政府组织）；国家的（包括公司、国家中央政府，民主社会）和次国家的（地方公司，当地政府和地方民主社会）。后期有学者在垂直层面的基础上加入水平层次，即把治理分为致力于高层次和低层次治理的垂直型治理和致力于非国家的多方主体治理的水平型治理。从多元的角度，全球化的深化导致了权威的分散化，中央权力向两个方向转移：第一，在垂直方向向其他层面转移；第二，在水平方向向非国家行为体转移。

以美国为主导的以霸权主义为特征的全球治理旧形式不适应时代的发展，应当被相互依存平等互利的新形式取代，以发达国家和发展中国家、国家行为体和非国家行为体广泛参与的共治为核心的体系才是未来的方向。

多层多元是一个理想模式，不同国家根据不同的发展阶段需要有不同的抵达路径。从2008年全球金融危机到现阶段，中国、印度等新兴经济体国家在全球治理中的崛起成为事实，尤其是中国在全球治理的积极表现更是全世界有目共睹。新兴经济体国家普遍面临的问题是考虑到国情和发展阶段的不同，要在参与全球治理的过程中找到适合自己的路径，而不能直接复制欧美等西方民主国家参与全球治理的经验。

在达到"多层多元"的理想治理模式前，还有很长一段路要走。然而很少有学者对这个现实与理想之间的断层有所观照，这是因为，学界普遍的困境是能够指明理论建构起来的理想彼岸，但因为缺少长期深度介入的实践而无法看清通往理想的脚下之路。

正是注意到这些问题，笔者把研究尺度降到国家层面，聚焦研究中国在全球气候治理中的角色转型。从国家层面切入但不局限于一个层面内部，连续多年跟踪中国在气候传播与治理的利益相关方的工作，构建"双层多维"的研究空间（见图8-1），在现实和理想之间搭建起一座桥梁。

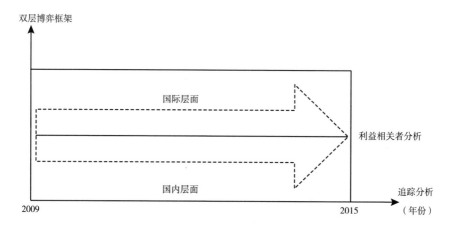

图 8 – 1 "双层多维"全景研究框架示意（以 2009～2015 年为例）

资料来源：笔者自制。

"双层"可以保证一方面与国际社会有基本的观念共识，同时又能照顾中国实际的发展阶段。中国正在走出国门积极参与全球治理的路上，虽然国际层面已经有了全球、区域等的细分层次，但不管面对哪个层次的问题，中国重点关注的还是如何与国内发展的平衡，双层博弈在具体的治理议题上仍是有效的理论工具。"双层"与"多层"相比可以对应更清晰的战略目标。

"多维"中的利益相关者是影响气候治理目标实现的个体或群体，包括国家行为体和非国家行为体。国家行为体与非国家行为体是从主体身份的角度进行的界定，有组织本位倾向。强调非国家行为体的贡献是20 世纪 80 年代以来兴起的全球治理的基本属性之一。"双层多维"框架选择利益相关者理论，强调共同利益面前的主体平等性，强调利益相关者共同治理，是全球治理倡导的实践模式。利益相关者理论可以帮助研究者跳出权力框架，更全面地厘清治理目标的参与者。

全球治理是一个多元行为体在多层面共同参与的过程，需要顶层设计，加强宏观规划和统筹协调。同时，也要建设更有效的基层制度，这是走向全球治理的重要路径。全球气候治理一直致力于通过一项具有普遍法律约束力的全球宪章，虽然最终达成了《巴黎协定》，但美国退出对《巴黎协定》的落实产生了巨大冲击，也让人们再次思考自上而下治理模式的有效性。与此同时，国家间的"小多边"气候制度，以及民间的公私伙伴和气候合作制度在积极发展。"双层多维"研究框架是以国家这个层面为研究切入点，观照政府、媒体、非政府组织等利益相关方在国际和国家两个层面的策略变化，可以将最新的实践进展及时纳入研究框架，为全球气候治理的基层制度建设提供支撑。

世界秩序转型增强了全球治理改革的迫切性，而有效的全球治理需要体制上的创新。"双层多维"的研究框架为全球气候治理提供了一个国家层面的透镜，为全球治理的理想模式提供一条现实的路径。

二　实践层面：　中国路径选择

2008 年全球金融危机爆发以来，国际社会强化全球治理的呼声空前高涨，改革和创新全球治理机制的共识也不断增强。全球治理体系与决策模式已无法适应复杂多样的新形势，变革中的国际社会需要改革全球治理体制。正是在这种形势下，全球治理体制进入改革期，层次不同、范围各异的全球治理制度均经历着不同程度的创建、改建乃至重建过程。

2009～2015 年，全球气候治理取得了历史性进展，中国在其中发挥了关键作用，其贡献得到全世界认可。从本书第五章的分析可见，在对待全球气候治理问题上，在国际、国内双层面推进的过程中，中国各利益相关方开展具体的气候传播与治理工作的观念、制度和秩序都发生了巨大变化。

在"双层多维"研究框架下可以清晰地发现，中国在气候治理领域取得的成就得益于"统筹国际、国内两个大局"的双层次战略思考和多元合作的实践推动。因为有了哥本哈根失利的教训，中国政府、媒体、非政府组织三方积极调整双层次工作策略，在推进气候治理的共同目标下彼此调整适应，最终结成战略盟友，进而实现获胜集合最大化。

在多层多元的理想模式未达成前，以国家层面为切入点，从国家所处的双层次国际关系现实来识别有共同治理目标的利益相关方开展合作，并选择在不同时间尺度内达致阶段性目标的现实策略，正是本书在案例部分集中展示和应用的、可总结为气候传播与治理的中国路径。

全球治理在经历深层次改革，中国也在日新月异地变化，中国在全球气候治理中取得的进步和成绩正得益于此。中国借气候治理拿到话语权，是一次成功的尝试，增长了中国积极参与全球治理的信心，也让世界看到中国改革开放的成果。在气候变化问题上，发达国家力图逃避应该承担的责任，把责任推给新兴发展中国家。而正处于工业化阶段的新兴经济体，在得不到发达国家资金与技术援助的情况下，沿袭欧美一个多世纪前采用的碳密集型发展之路，加剧了气候恶化态势。中国经历了四十年的改革开放，经济发展到一定程度，意识到西方发达国家碳密集型发展之路的问题所在，选择了一条低碳发展之路。坚持这种战略选择，加上双层次的战略布局和多元合作的开放思想，中国会在全球气候治理中有更多示范性的贡献。

第二节　展望

华盛顿时间 2017 年 6 月 1 日，美国总统特朗普在白宫正式宣布，美国退出《巴黎协定》。2017 年 11 月，联合国气候大会（COP23）在德国波恩举行。美国联邦政府派出了只有 7 名成员的代表团，会场内第一次没有"美国角"，全程没有新闻发布会，政府代表只参加了一场边会，因为内容涉及支持化石能源而被非政府组织的抗议打断。

就在各方对美国联邦政府的气候政策表示愤怒与失望的时候，在波恩谈判主会场 Bula 区的出口，来自美国州政府、城市、商界、研究机构和民间组织的代表汇集在巨大的白色帐篷里组织各种活动，巨大的条幅上写着"We Are Still In（我们还在）"。

一　自上而下：机制复合体的改革之路

从 20 世纪 90 年代到今天，全球气候治理的顶层设计已经成形，是以《联合国气候变化框架公约》为中心形成自上而下的制度安排，相关气候制度安排部分重叠，形成一种"机制复合体"（Raustiala & Victor，2004）（见图 8-2）。

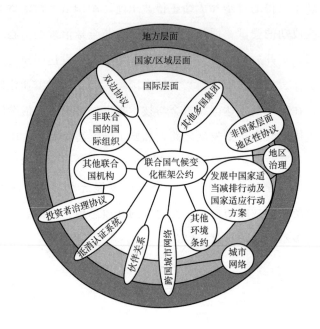

图 8-2　全球气候治理结构图

资料来源：IPCC 第五次评估报告，英文原图参见 http：//ipcc. ch/
pdf/assessment-report/ar5/wg3/ipcc_ wg3_ ar5_ chapter13. pdf。

在政府间气候变化专门委员会（IPCC）公布的这张治理结构图中，可以明显看到这个"机制复合体"的构架，包括《联合国气候变化框架公约》的中心位置及与气候治理有联系的国际组织、条约/协议、网络和行动方案的分布。这些不同的行为体按照其工作的区域出现在国际、国家/区域、地方三个层次中，大部分是跨层次开展工作。这张图展示了以《公约》为中心的全球气候治理不同层次（尤其是国际层次）的制度安排现状，也暴露了全球气候治理在顶层设计中存在随机性、泛协调和议题冲淡的现实挑战。

全球气候治理顶层设计的随机性表现在，虽然强调了《公约》的中心位置，但所有涉及的行为体与《公约》的关系并不是强制性的。以联合国为例，联合国机构围绕 17 个可持续发展目标设定各自工作框架，因为气候变化是 17 个目标中独立的一个，联合国机构在各自工作描述里多少会提及应对气候变化，但在具体工作没有几项可操作的落实安排。即使是与《公约》相关性最大的联合国环境署也存在同样的问题。

此外，《公约》秘书处作为主要的协调部门，主要任务是跟进缔约方会议，不承担与诸多行为体的真正协调作用，只能发挥泛协调的作用，保持观念层面的一致。在这种情况下，行为体与《公约》的关系是松散的。

另外，其他多国集团、环境协议等都被放入治理结构中，但气候议题在其他多国集团或协议中是否占据主要位置，取决于不同时间段成员国政府的重视程度。

气候变化是系统工程，在全球气候治理的顶层设计中缺少系统的协调机制，使结构图变成了理想呈现，缺少现实中有效的制度安排，自上而下的治理模式面临僵化的困境。当出现美国退出《巴黎协定》的威胁时，全球气候治理再次面临"机制失灵"的质疑，国际社会呼吁新的领导力出现，引领一场全球气候治理机制层面的渐进式改革。

二 自下而上：本土气候新动力

在全球气候治理自上而下的制度安排陷入僵局的时候，让我们回到"双层多维"的研究空间中，把目光放到治理架构图没能呈现的国家层面的细部来考察中国所处的双层次博弈场的微妙变化。

美国宣布退出《巴黎协定》，使中国面对的国际层面的博弈力量出现新调整。在领导力过渡的问题上，法国等已经主动表态，希望牵手中国发挥联合气候领导力。2017 年的联合国波恩气候大会，在美国宣布退出的背景下，广大发展中国家体现了空前的团结，发达国家也展现了很大的灵活性和建设性。

在联合国波恩气候大会期间公布的调研显示，中美两国的多数公众均支持本国签订《巴黎协定》，并向低碳及新能源路径转型。95%的中国公众支持中国政府落实《巴黎协定》，64%的美国公众反对美国退出《巴黎协定》（见图8-3）。

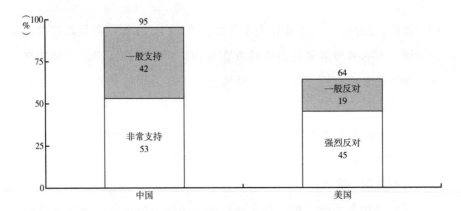

图8-3　中美两国公众对各自领导人支持/退出《巴黎协定》的支持度测试

资料来源：美国耶鲁大学气候传播项目与中国气候传播项目中心的联合对比研究，2017年11月10日发布，检索于联合国气候变化框架公约官网。

可见，中国在国际层面的工作正在稳步推进中，为接下来的制度安排和新一轮的谈判做相应的协调和准备。相比国际层面的稳步推进，国内层面的利益相关者，尤其是非国家行为体，显示出前所未有的活力。

1. 框架机遇加强观念共识

框架设定是指将某一问题设定于适当的背景下以形成预期的解释或观点。框架设定的目的并非误导或者操纵人们的思想，而是帮助公众更易于理解气候变化及其影响。由于可以设定框架，气候传播者（包括政府、媒体、非政府组织、科学家、企业、普通公众等）可以有意识地选择能够引起共鸣的框架。

笔者主持的2017年全国公众气候认知调查显示，未来二十年，如果中国不采取措施应对气候变化，95.1%的公众认为气候变化会导致空气污染现象增多，其次是疾病。在"您最担心哪类气候变化影响"的题目中，33.4%的公众选择"空气污染加剧"。七成以上公众认为气候变化与空气污染互相影响，有协同性。

近年来，雾霾和空气污染成为中国人健康的头号威胁，空气污染与气候变化是同根同源（源自化石能源排放）并且都需要"减排"的解决方法。所以将雾霾和空气污染框架引入气候传播，可以解决公众觉得气候变化"遥不可及"、缺少可见性和即时性的问题，强化应对气候变化的意识，为采取行动铺垫观念共识。

2. 科技创新推动公众参与

气候治理需要更多实际行动，而气候传播最大的瓶颈就是公众在认知、态度和行为之间的跨越。最新调研显示，近半数中国公众使用过共享单车，超九成公众支持共享单车出行，超半数公众知道家庭和单位安装太阳能光伏板发电的用处。与笔者在2012年主持的全国公众调研结果相比，五年前公众采取行动方面只有节约用能这类传统方法可以选择。五年后，共享经济和科技创新为公众采取实际行动参与应对气候变化提供了新的可能。

不只是个人有了行动的可能，公众还有影响周围人的强烈意愿。调研显示，97.7%的公众愿意和周围朋友、家人分享气候变化的相关信息。除了影响身边人，气候变化对下一代的影响也引起了公众重视，98.7%的受访者支持学校开展气候变化相关教育（见图8-4）。

从数据中可以预见，中国将迎来"人人都是气候传播者"的新时代。

3. 非政府组织和企业创新先行

最新调查显示，在应对气候变化问题上，公众普遍认为政府应该发挥更多作用，其次是媒体和非政府组织。经过五年的深入工作，公众认可了气候传播与治理的关键利益相关者的作用，并且有更高期待。

在中国开展工作的国际非政府组织在输送理念、推动共识、倡导政

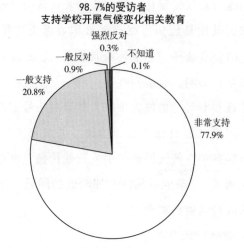

图 8 - 4　中国公众对气候变化进校园的支持度测试

资料来源：《中国公众气候变化与气候传播认知状况调研报告2017》，中国气候传播项目中心。

策的同时，也积极推动一些有趣的创新实验。国际环保组织绿色和平和加州清洁能源基金 New Energy Nexus 联合发起了清洁能源孵化器（Power Lab），通过持续的项目挖掘、线下活动和媒体传播，在中国发现优质的能源创新项目、个人和团队，在能力建设、导师指导、圈子搭建以及传播等方面提供全面的支持，并"帮助优胜者对接国内和国际双渠道的投融资和商业孵化器资源"①。

在推动气候治理的同时，非政府组织还自发搭建网络平台积极参与到中国参与全球治理的新议题中。由乐施会、德国伯尔基金会、能源基金会、世界自然基金会、桃花源基金会、阿拉善 SEE 生态协会、全球环境研究所、自然资源保护协会等机构联合发起成立的"一带一路绿色发展平台"②，以实现2030可持续发展目标和《巴黎协定》为目标，着眼"一带一路"所涉及的生态环境保护、气候变化应对、能源转型、

①　详见绿色和平官方网站：http://www.greenpeace.org.cn/site/climate-energy/2016/powerlab/incubator.php。

②　详见全球绿色领导力网站：http://www.chinagoinggreen.org。

绿色金融和产业合作等领域，发挥自身优势，通过研究成果、政策建议、伙伴关系等智力产品，为"一带一路"绿色规划和建设建言献策，促进中国与带路沿线国家的政策沟通和民心相通。2017年底的联合国波恩气候大会上，该平台协调了七场"一带一路绿色发展与气候治理"系列边会，主题从多边开发性金融与气候融资到国家自主贡献，从可再生能源到南南气候合作，得到国内外媒体的广泛报道，其中新华社的英文报道还被国务院新闻办转引，向国际社会展示了中国民间积极参与"一带一路"建设的成绩。

在政府政策引导和全民气候传播的大势下，越来越多的本土企业家参与到应对气候变化的观念引领行动中。在气候变化领域行动最早的中国企业家是万科集团创始人王石。王石参加了2009年的哥本哈根气候谈判并受到触动，开始应对气候变化的工作。王石在企业内推动万科的绿色转型，并在企业家层面引导观念创新，2015年巴黎气候大会期间，王石创办中国首个应对气候变化的民间组织——中国企业家应对气候变化联盟（C Team）。联合国波恩气候大会期间，该联盟代表45万家中国企业发布"低碳倡议"。

在推动更多公众参与方面，支付宝客户端推出的"蚂蚁森林"公益行动，成为现象级的跨界创新项目。"蚂蚁森林"鼓励支付宝用户采取地铁出行、网上缴费等低碳行为来减少碳排放。减少的具体数额可以用来在支付宝种"树"，并能在现实中种下一棵实体的树。"蚂蚁森林"公布的最新数据显示：截至2017年8月底，其用户数量已超2.3亿人，相当于世界人口的3%，累计减排122万吨，累计种植真树1025万棵。与此同时，"蚂蚁森林"尝试变身社会公益创新的孵化器，新发布名为"Planet Blue"的公益开放计划，把产品能力、科技平台开放给全社会，呼吁人人参与绿色未来。

4. 慈善提供新动能

随着国家综合国力的提升，一批本土企业家已经成长起来，开始在运营企业的同时，成立慈善基金会或与慈善机构合作，投身公益慈善事业。

2016 年，国家公布《中华人民共和国慈善法》，明确了相关制度安排，互联网募捐、慈善信托、企业社会责任等方面都呈现新气象，这些最新实践在气候治理领域发生，成为气候传播与治理的新动能。

2017 年 9 月，由本土企业家牛根生创办的老牛基金会向中国绿色碳汇基金会捐款 7438 万元，在张家口市政府的指导下，用于在张家口市崇礼区奥运赛场周边等高规格造林 3 万多亩。在 30 年的项目计入期内，碳汇林可吸收大气中约 38 万吨的二氧化碳。"老牛"冬奥碳汇林项目是围绕 2022 年北京—张家口冬奥会打造的以应对气候变化、绿色低碳发展为主题的一项重大公益项目。

这个项目更大的价值在于在实践中探索将慈善纳入公私合营模式（Public-Private Partnership），为传统的公私合营模式注入新动力，在气候领域先试先行，开启了以"政府—慈善—私营部门"（Public-Philanthropy-Private）三方合作为标志的 PPP 2.0 新模式（见图 8 – 5）。

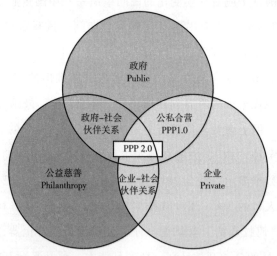

图 8 – 5　"政府—慈善—企业"三方合作的 PPP 2.0 模式示意

资料来源：笔者自制。

除了在国内通过捐赠支持应对气候变化工作，中国慈善家也开始活跃在国际舞台。2018 年 1 月 11 日，中国女企业家何巧女在"东西方慈善论坛领袖峰会"现场与联合国南南合作办公室签署合作协议。巧女基金会捐资 8500 万元人民币启动"巧计划",通过联合国系统的网络,在全球征集务实合作项目,响应发展中国家气候议程的优先事项,并提高其应对气候变化与加强自然保护的能力。这次捐赠的资金来自何巧女在 2016 年联合国马拉喀什气候大会承诺捐赠的 1 亿元人民币。这是《巴黎协定》正式生效后全球范围内第一支聚焦气候变化与可持续发展的民间基金,在全球气候治理的进程中具有特殊的历史意义。

越来越多的慈善家走到环境与气候治理前台,成为积极的利益相关者。借鉴国际同行的经验,联合行动成为实现慈善资金社会效益最大化的必然之选。2018 年 1 月 29 日,中国环境资助者网络宣布成立,由包括北京巧女公益基金会、老牛基金会、万科公益基金会、中国绿色碳汇基金会、阿拉善 SEE 基金会等在内的 10 家本土基金会联合发起,在共识基础上提出明确的制度安排,完成了由个体慈善升级为战略慈善的理念和行动"双跨越",这也将为中国在国际、国内双层次的气候传播与治理提供持续动能。

自 20 世纪 90 年代以来,全球治理在世界范围内集体决策趋势越来越明显。联合国前秘书长安南就曾表示对包容性的民主力量的需求,随着实践经验的积累和对之前工作的反思,联合国已经意识到除政府之外,其他政府间组织、非政府组织、私营部门和整个民间社会的参与对于全球实现可持续发展有重要的战略意义。

中国国家主席习近平在十九大报告中强调,坚持全民共治、要构建政府为主导、企业为主体、社会组织和公众共同参与的环境治理体系。在新的治理理念的指引下,中国国内层面的利益相关者积极行动起来(见图 8 - 6),在"人人都是气候传播者"的时代,科技创新将激发更多行动,中国将走向绿色低碳的未来。中国在国内层面的行动又将正向推动在国际层面有更积极主动的表现,进而携手世界各国,共同应对气候挑战,共同打造"人类命运共同体"。

要实现真正的全球治理与合作,在自上而下的决策方式之外,还有一条自下而上的行动路径。自上而下和自下而上在全球气候治理初期是

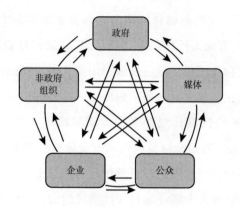

图8-6　气候传播与治理的理想模式

资料来源：笔者自制。

两个单向发展。通过本书研究可以发现，在联合国自上而下推动全球气候治理的同时，自下而上的力量已经在国家内部蓬勃而出。

中国发生着日新月异的变化。展望未来，全球气候治理进程也将受其影响——自上而下与自下而上相向而行，一个自循环的"对流层"治理格局（如图8-7）正在形成。

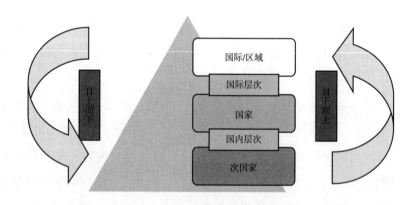

图8-7　全球气候治理"对流层"

资料来源：笔者自制。

参考文献

中文文献

[1] 彼得斯、埃德加：《复杂性、风险与金融市场》，宋学峰、曹庆人译，中国人民大学出版社，2004。

[2] 吉登斯、安东尼：《气候变化的政治》，曹荣湘译，社会科学文献出版社，2009。

[3] 薄燕：《国际谈判与国内政治：对美国与〈京都议定书〉的双层博弈分析》，博士学位论文，复旦大学，2004。

[4] 麦克奈尔、布莱恩：《政治传播学引论》，殷祺译，新华出版社，2005。

[5] 蔡拓、王林南：《全球治理：适应全球化的新的合作模式》，《南开学报》，2004 年第 2 期。

[6] 曹津永、官珏：《差异、局限于传统视域的反思——云南省德钦县明永村气候环境的改变及村民的认知与应对》，《云南社会科学》，2014 年第 5 期。

[7] 常跟应、黄夫明、李曼、李国敬：《黄土高原和鲁西南案例区乡村居民对全球气候变化认知》，《地理研究》，2012 年第 7 期。

[8] 陈锐：《日本媒体：气候变化报道的民生视角》，《中国记者》，2007 年第 8 期。

[9] 陈涛、谢宏佐：《大学生应对气候变化行动意愿影响因素分析——基于 6643 份问卷的调查》，《中国科技论坛》，2012 年第 1 期。

[10] 陈迎：《从安全视角看环境与气候变化问题》，《世界经济与政治》，2008 年第 4 期。

[11] 崔维军、罗玉：《城市居民气候变化风险认知对出行方式选择的影响——基于 620 位城市居民的调查分析》，《生态经济》，2014 年第 11 期。

[12] 代兵：《论 19 世纪初至 1918 年非政府组织的发展状况》，《国际关系学院学报》，2007 年第 6 期。

[13] 唐纳森、托马斯、邓非：《有约束力的关系——对企业伦理学的一种社会契约论的研究》，赵月瑟译，上海社会科学院出版社，2001。

[14] 冯永锋：《气候变化报道的三个着力点》，《中国记者》，2007 年第 8 期。

[15] 葛汉文：《全球气候治理中的国际机制与主权国家》，《世界经济与政治论坛》，2005 年第 3 期。

[16] 葛全胜、王绍武、方修琦：《气候变化研究中若干不确定性的认识问题》，《地理研究》，2012 年第 2 期。

[17] 郭小平：《西方媒体对中国的环境形象建构——以〈纽约时报〉"气候变化"风险报道（2000～2009）为例》，《新闻与传播研究》，2010 年第 4 期。

[18] 何国平：《中国对外报道观念的变革与建构——基于传播能力的考察》，《山东社会科学》，2009 年第 8 期。

[19] 侯东民：《中国生态脆弱区生态移民现状与展望》，《世界环境》，2010 年第 4 期。

[20] 胡百精：《健康传播观念创新与范式转换——兼论新媒体时代公共传播的困境与解决方案》，《国际新闻界》，2012 年第 6 期。

[21] 贾鹤鹏：《全球变暖．科学传播与公众参与——气候变化科技在

中国的传播分析》，《科普研究》，2007年第6期。

［22］贾鹤鹏：《谈谈气候变化报道的若干路径》，《新闻实践》，2011
年第10期。

［23］贾焕杰：《谁劫持了哥本哈根气候大会？——新闻引语的批判性
话语分析》，《新闻爱好者》，2011年第7期。

［24］贾生华、陈宏辉：《利益相关者的界定方法述评》，《外国经济与
管理》，2002年第5期。

［25］江世亮：《特大雪灾引发对气候报道的再思考》，《新闻记者》，
2008年第4期。

［26］蒋晓丽、雷力：《中美环境新闻报道中的话语研究——以中美四
家报纸"哥本哈根气候变化会议"的报道为例》，《西南民族大
学学报》，2010年第4期。

［27］普雷斯托维茨、克莱德：《流氓国家——谁在与世界作对?》，王
振西主译，新华出版社，2004。

［28］李碧婷：《煤炭企业主要利益相关者界定研究》，《当代教育理论
与实践》，2014年第4期。

［29］李慧明：《欧盟在国际气候谈判中的政策立场分析》，《世界经济
与政治》，2010年第2期。

［30］李健民、孙雁冰：《国际制度、国家自主性与低碳经济——兼论
中国的政策选择》，《东疆学刊》，2011年第2期。

［31］李玉洁：《我国城乡公众气候变化认知差异分析及传播策略的建
构——基于4169位公众调查的实证研究》，《东岳论丛》，2013
年第10期。

［32］李玉洁：《信源、渠道、内容——基于调查的中国公众气候传播
策略研究》，《国际新闻界》，2013年第8期。

［33］李巍：《国际政治经济学的演进逻辑》，《世界经济与政治》，2009
年第10期。

［34］林民旺、朱立群：《国际规范的国内化：国内结构的影响及传播

机制》，《当代亚太》，2011 年第 1 期。

[35] 刘兵、侯强：《国内科学传播研究：理论与问题》，《自然辩证法研究》，2004 年第 5 期。

[36] 刘军：《怎样把握和拓展气候变化报道》，《中国记者》，2007 年第 8 期。

[37] 刘雨宁、杜宝贵：《论非政府组织在世界气候谈判中的主要作用》，《沈阳农业大学学报》，2012 年第 2 期。

[38] 罗辉：《国际非政府组织在全球气候变化治理中的影响——基于认知共同体路径的分析》，《国际关系研究》，2013 年第 2 期。

[39] 罗静、潘家华、李恩平：《大学生应对气候变化的伦理取向探讨》，《科学对社会的影响》，2009 年第 3 期。

[40] 凯克、玛格丽特、辛金克：《超越国界的活动家：国际政治中的倡议网络》，韩召颖、孙英丽译，北京大学出版社，2009。

[41] 马建英：《国际气候制度在中国的内化》，《世界经济与政治》，2011 年第 6 期。

[42] 马磊：《浅谈气候外交下的中国话语策略》，《佳木斯教育学院学报》，2012 年第 2 期。

[43] 吕亚荣、陈淑芬：《农民对气候变化的认知及适应性行为分析》，《中国农村经济》，2010 年第 7 期。

[44] 罗勇、高云：《气候变化科学传播中的利益冲突》，《科普研究》，2012 年第 7 期。

[45] 潘家华：《国家利益的科学论争与国际政治妥协》，《世界经济与政治》，2002 年第 2 期。

[46] 潘家华、王谋：《国际气候谈判新格局与中国的定位问题探讨》，《中国人口·资源与环境》，2014 年第 4 期。

[47] 钱进、覃哲：《五国媒体视角下全球气候变化问题的中国议题》，《新闻爱好者》，2010 年第 8 期。

[48] 曲茹、卢婷：《〈人民日报〉〈洛杉矶时报〉关于"哥本哈根气候

大会"报道的对比研究》,《现代传播》,2010 年第 10 期。

[49] 任海军:《在气候问题报道中维护国家利益》,《中国记者》,2008 年第 4 期。

[50] 人民网:《中国低碳能源战略与气候变化传播》,http://ft.people.com.cn/fangtanDetail.do?pid=2731,最后访问日期:2014 年 8 月 12 日。

[51] 宋效峰:《非政府组织与全球气候治理:功能与其局限》,《云南社会科学》,2012 年第 5 期。

[52] 孙力:《我国公共利益部门生成机理与过程分析》,《经济社会体制比较》,2006 年第 4 期。

[53] 孙珏、潘家华:《多哈气候谈判与中国低碳发展之路》,《环境保护》第 23 期。

[54] 辛格、弗雷德、艾沃利:《全球变暖——毫无来由的恐慌》,林文鹏、王臣立译,科学技术文献出版社,2008。

[55] 谭智心:《农民对气候变化的认知和适应行为:山东证据》,《重庆社会科学》,2011 年第 3 期。

[56] 王彬彬:《公众参与应对气候变化让数据发声》,《世界环境》,2014 年第 1 期。

[57] 王纯阳、黄福才:《村落遗产地利益相关者界定与分类的实证研究——以开平碉楼与村落为例》,《旅游学刊》,2012 年第 8 期。

[58] 王家福:《国际战略学》,高等教育出版社,2005。

[59] 金梅:《非国家行为体与主权国家在国际气候治理中的互动》,《商情》,2011 年第 33 期。

[60] 王金娜、王永杰、张颖、张晓、杨彩霞、姜宝法:《高等院校大学生气候变化认知状况的调查》,《环境与健康杂志》,2012 年第 7 期。

[61] 王文军:《低碳经济:国外的经验启示与中国的发展》,《西北农林科技大学学报》,2009 年第 6 期。

[62] 王战、李海亮：《西方气候变化传播研究综述》，《东南传播》，2011 年第 3 期。

[63] 王子忠：《气候变化：政治绑架科学》，中国财政经济出版社，2010。

[64] 赛福林、沃纳、坦克德：《传播理论：起源、方法与应用》，郭镇之、孟颖等译，华夏出版社，2001。

[65] 贝克、乌里希尔：《风险社会》，何博闻译，译林出版社，2004。

[66] 新华网：《青山遮不住，毕竟东流去——温家宝总理出席哥本哈根气候变化会议纪实》http://news.xinhuanet.com/world/2009 - 12/24/content_ 12700839.htm，2009。

[67] 新民网：《环保组织呼吁：应对气候变化适应比减缓更现实更紧迫》http://finance.ifeng.com/a/20140506/12272246 _ 0.shtml，最后访问日期：2014 年 5 月 6 日，2014。

[68] 肖兰兰：《农民对气候变化的认知状况研究——基于山东省部分地区的实证调研分析》，《青岛农业大学学报》（社会科学版），2013 年第 2 期。

[69] 谢耘耕：《风险沟通研究的进路，议题与视角》，《新媒体与社会（第三辑）》，2012 年第 11 期。

[70] 谢霓泓：《利益相关者研究的回顾与思考》，《会计之友》，2009 年第 10 期。

[71] 许光清：《企业管理人员气候变化意识的统计分析》，《中国人口资源与环境》，2011 年第 7 期。

[72] 徐琦：《增加气候变化报道的"厚度"》，《中国记者》，2007 年第 8 期。

[73] 杨毅：《国内约束、国际形象与中国的气候外交》，《云南社会科学》，2012 年第 1 期。

[74] 俞岚、周锐：《德班聚焦：基础四国"超规格"发布会回应"分裂"传言》，中国新闻网，http://www.chinanews.com/gj/2011/

12 − 07/3513080. shtml，2011。

[75] 杨丽华、马继、严世敬：《对我国媒体气候报道的思考》，《西南民族大学学报》，2010 年第 8 期。

[76] 于庆泰：《在中国国际经济交流中心主办的"经济每月谈"上的主题发言》 http：//www. china. com. cn/zhibo/2010 − 02/24/content_ 19453171. htm，2010。

[77] 云雅如、方修琦、田青： 《乡村人群气候变化感知的初步分析——以黑龙江省漠河县为例》，《气候变化研究进展》，2009 年第 5 期。

[78] 翟杰全、杨志坚：《对科学传播概念的若干分析》，《北京理工大学学报》，2008 年第 8 期。

[79] 张海滨：《中国在国际气候变化谈判中的立场：连续性与变化及其原因探析》，《世界经济与政治》，2006 年第 10 期。

[80] 张海滨：《中国与国际气候变化谈判》，《国际政治研究》，2007 年第 1 期。

[81] 张海滨：《专题研究：气候变化与中国国家安全》，《国际政治研究》，2015 年第 4 期。

[82] 张磊：《国际气候政治中的中国困境——一种微观层次的梳理》，《教学与研究》，2010 年第 2 期。

[83] 张晓玉、史文婧：《关于全球气候变化争议的综述》，北京大学能源安全与国家发展研究中心，2010。

[84] 张璋：《西方电视媒体重大事件涉华报道三部曲——以"哥本哈根气候变化会议"报道为例》，《东南传播》，2010 年第 4 期。

[85] 郑保卫、王彬彬、李玉洁：《在气候传播中实现合作共赢——后哥本哈根时代中国政府、媒体、非政府组织角色及影响力研究》，载郑保卫主编《新闻学论集》第 24 辑，经济日报出版社，2010。

[86] 郑保卫、王彬彬、李玉洁：《气候传播理论与实践》，人民日报出版社，2011。

［87］郑保卫、王彬彬：《中国政府、媒体、NGO 气候传播策略技巧评析》，载郑保卫主编《新闻学论集》第 27 辑，经济日报出版社，2011。

［88］郑保卫、王彬彬：《中国城市"四类低碳人"的媒体传播策略研究》，《国际新闻界》，2013 年第 8 期。

［89］郑保卫、王彬彬：《中国气候传播研究的发展脉络、机遇与挑战》《东岳论丛》，2013 年第 10 期。

［90］中国新闻网：《解振华坦诚对话国际 NGO 详解气候变化获热评》，http：//www. chinanews. com/gn/2010/10 – 08/2573501. shtml，最后访问时间：2010 年 10 月 8 日。

［91］中国新闻网：《发达国家阻气候谈判屡获化石奖中国立场受关注》，http：//finance. sina. com. cn/chanjing/cyxw/20111201/230910919458. shtml，最后访问时间：2011 年 12 月 1 日。

［92］庄贵阳：《后京都时代国际气候治理与中国的战略选择》，《世界经济与政治》，2008 年第 8 期。

［93］董亮：《IPCC 如何影响国际气候谈判——一种基于认知共同体理论的分析》，《世界经济与政治》，2014 年第 8 期。

［94］韩扬眉、诸葛蔚东：《气候传播研究的国际前沿现状与趋势分析——以〈公众理解科学〉和〈科学传播〉为研究样本（2006 – 2015)》，《科普研究》，2017 年第 4 期。

［95］李克强：《2017 年政府工作报告》，中国政府网，http：//www. gov. cn/guowuyuan/2017 – 03/16/content_ 5177940. htm，最后访问时间：2017 年 3 月 16 日。

［96］奥尔森、曼瑟尔：《集体行动的逻辑》，陈郁、郭宇峰、李崇新译，上海人民出版社，1995。

［97］秋千：《〈京都议定书〉生效的前前后后》，《党政干部学刊》，2005 年第 11 期。

［98］李慧明：《秩序转型——霸权式微与全球气候政治治理制度碎片

化与领导缺失的根源》,《南京政治学院学报》,2014 年第 6 期。

[99] 薄燕、陈志敏:《全球气候变化治理中欧盟领导能力的弱化》,《国际问题研究》,2011 年第 1 期。

[100] 董亮:《会议外交、谈判管理与巴黎气候大会》,《外交评论》,2017 年第 2 期。

[101] 中国政府网:《国民经济和社会发展第十二个五年规划纲要》,http://www.gov.cn/2011lh/content_ 1825838.html,最后访问时间:2011 年 3 月 16 日。

[102] 李慧明:《〈巴黎协定〉与全球气候治理体系的转型》,《国际展望》,2016 年第 2 期。

[103] 庄贵阳、周伟铎:《全球气候治理模式转变及中国的贡献》,《当代世界》,2016 年第 1 期。

[104] 陈济、李俊峰:《落实〈巴黎协定〉任重而道远》,《环境经济》,2016 年第 9 期。

[105] 黄永富:《全球气候变化治理体系有何最新成果》,《人民论坛》,2016 年第 4 期。

[106] 周茂荣:《中国落实〈巴黎协定〉的机遇、挑战与对策》,《环境经济研究》,2016 年第 2 期。

[107] 王彬彬:《基于双层博弈框架下的中国气候传播策略研究》,博士学位论文,中国人民大学,2015。

[108] 高翔:《中国应对气候变化南南合作进展与展望》,《上海交通大学学报》,2016 年第 1 期。

[109] 董亮:《2030 年可持续发展议程对全球及中国环境治理的影响》,《中国人口资源与环境》,2016 年第 1 期。

[110] 柴麒敏、高翔、徐华清:《"基础四国":从哥本哈根到巴黎的气候治理》,中国计划出版社,2016。

[111] 米尔纳、海伦:《利益、制度与信息:国内政治与国际关系》,曲博译,上海人民出版社,2015。

[112] 卢静：《当前全球治理的制度困境及其改革》，《外交评论》，2014 年第 1 期。

[113] 丁宏：《全球化、全球治理与国际非政府组织》，《世界经济与政治论坛》，2006 年第 6 期。

[114] 刘清才、张农寿：《非政府组织在全球治理中的角色分析》，《国际问题研究》，2006 年第 1 期。

[115] 徐进、刘畅：《中国学者关于全球治理的研究》，《国际政治科学》，2013 年第 1 期。

[116] 薛澜、俞晗之：《迈向公共管理范式的全球治理——基于"问题—主体—机制"框架的分析》《中国社会科学》，2015 年第 11 期。

[117] 秦亚青：《全球治理失灵与秩序理念的重建》，《世界经济与政治》，2013 年第 4 期。

[118] 郦莉：《全球气候治理中的公私合作关系》，时事出版社，2013。

[119] 薄燕、高翔：《中国与全球气候治理机制的变迁》，上海人民出版社，2017。

[120] 罗西瑙：《没有政府统治的治理》，剑桥大学出版社，1995。

[121] 全球治理委员会：《我们的全球之家》，牛津大学出版社，1995。

[122] 《京都议定书》，http://unfccc.int/resource/docs/convkp/kpchinese.pdf。

[123] 钟龙彪、王俊：《中国和平崛起中的"双层博弈"——〈中国：脆弱的超级大国〉评介》，《美国研究》，2007 年第 4 期。

[124] 费里曼：《战略管理：利益相关者方法》，王彦华、梁豪译，上海译文出版社，2006。

[125] 王身余：《从"影响"、"参与"到"共同治理"——利益相关者理论发展的历史跨越及其启示》，《湘潭大学学报》，2008 年第 6 期。

[126] 张刚：《中国学者双层博弈研究评析》，《辽宁省交通高等专科学

校学报》，2009 年第 4 期。

[127] 孟浩：《我国应对气候变化的低碳发展战略》，中国生产力学会第 15 届年会暨世界生产力科学院院士研讨会，北京，2009。

[128] 联合国教育科学及文化组织，《预防原则》，2005。

[129] 新华社：《从波恩气候大会看中国生态文明新亮点》http：//www. xinhuanet. com/world/2017 – 11/16/c_ 1121965658. html。

[130] 《联合国气候变化框架公约》，1992，http：//www. un. org/zh/aboutun/structure/unfccc/。

[131] 徐迎春：《绿色迷思：环境传播研究的概念、领域、方法和框架》，《中国传媒海外报告》，2013 年第 1 期。

[132] 苏伟：《哥会议对全世界进行一场气候变化的认知普及》，2009，中国网，http：//www. china. com. cn/news/2009 – 12/30/content_19157144. html，最后访问时间：2009 年 12 月 30 日。

[133] 俞铮：《气候变化国际议题背后的舆论争夺》，《中国记者》，2010 年第 2 期。

[134] 刘涛：《新社会运动与气候传播的修辞学理论探究》，《国际新闻界》，2013 年第 8 期。

[120] 乐施会、绿色和平、中国农业科学院：《气候变化与贫困——中国案例研究报告》，http：//www. oxfam. org. cn/uploads/soft/20130428/1367143945. pdf，2009。

[135] 陈宏辉、贾生华：《企业利益相关者三维分类的实证分析》，《经济研究》，2004 年第 24 期。

[136] 新华每日电讯：《努力构建中美新型大国关系》，http：//news. xinhuanet. com/mrdx/2014 – 07/10/c_ 133473075. html，最后访问时间：2014 年 7 月 9 日，2014。

[137] 乐施会：《碳排放极度不平等》报告，http：//www. oxfam. org. cn/download. php？ cid＝18&id＝208。

[138] 冯洁：《民间组织合纵连横，最大煤企高调应对"如果这是战

争，一切沟通都不会发生"》，《南方周末》，http：//
www. infzm. com/content/100313，最后访问时间：2014 年 5 月 1
日，2014。

[139] 郭树勇：《论大国成长中的国际形象》，《国际论坛》，2005 年第
6 期。

[140] 苏长和：《跨国关系与国内政治——比较政治与国际政治经济学
视野下的国际关系研究》，《美国研究》，2003 年第 4 期。

[141] 王华：《治理中的伙伴关系：政府与非政府组织间的合作》，《云
南社会科学》，2003 年第 3 期。

[142] 王丽娜、周玥、黄灵：《综述：马拉喀什气候大会有喜有忧》，
新 华 社，http：//news. xinhuanet. com/2016 － 11/17/c _
1119935504. html，最后访问时间：2016 年 11 月 17 日，2016。

[143] 李晓喻、俞岚：《特朗普接棒美国总统"搅动"马拉喀什气候大
会》，中新网，http：//www. chinanews. com/gj/2016/11 － 09/
8058275. shtml，最后访问时间：2016 年 11 月 9 日，2016。

[144] 卢苏燕：《联合国发布公报庆祝〈巴黎协定〉生效》，新华社，
http：//news. xinhuanet. com/world/2016 － 11/04/c_ 1119850305.
html，最后访问时间：2016 年 11 月 4 日，2016。

[145] 林小春：《新闻分析：特朗普政府的能源计划令人不安》，新华
社，http：//news. xinhuanet. com/2017 － 01/22/c_ 1120362431.
html，最后访问时间：2017 年 1 月 22 日，2017。

[146] 张淼：《联合国："国家自主贡献"距排放目标有差距》，新华
网，http：//news. xinhuanet. com/world/2015 － 11/06/c _
1117067824. html，最后访问时间：2015 年 11 月 6 日。

[147] 《习近平主席在世界经济论坛 2017 年年会开幕式上的主旨演
讲》，新华社，http：//news. xinhuanet. com/fortune/2017 － 01/
18/c_ 1120331545. html，最后访问时间：2017 年 1 月 18 日。

[148] 中国新闻网：《国际舆论积极评价习近平达沃斯演讲：展现大国

担当》，http：//www.chinanews.com/gn/2017/01－19/8128979.shtml，最后访问时间：2017年1月19日。

[149] 胡泽曦、张朋辉、李应齐：《习近平达沃斯演讲引热议 国际舆论点赞"中国担当"》，中国网，http：//www.china.com.cn/news/world/2017－01/18/content_40130863.html，最后访问时间：2017年1月18日，2017。

[150] 李建敏：《习近平：携手打造绿色、健康、智力、和平的丝绸之路》，新华社，http：//news.xinhuanet.com/politics/2016－06/22/c_1119094645.html，最后访问时间：2016年6月22日，2016。

[151] 联合国气候变化公约网站：《中华人民共和国气候变化第一次两年更新报告》，http：//unfccc.int/files/national_reports/non-annex_i_parties/biennial_update_reports/submitted_burs/application/pdf/chnbur1.pdf，最后访问时间：2016年12月，2016。

[152] 李俊峰、陈济、杨秀：《同舟共济，合作共赢——对中国国家自主贡献的评论》，国家应对气候变化战略研究和国际合作中心，http：//www.ncsc.org.cn/article/yxcg/zlyj/201507/20150700001487.shtml，最后访问时间：2015年7月1日，2015。

[153] 张海滨：《〈巴黎协定〉履约之路任重道远》，国际先驱导报，2016。

[154] 安树民、张世秋：《〈巴黎协定〉下中国气候治理挑战与应对》，《环境保护》，2016年第22期。

[155] 吴斌：《高端访谈｜中国气候变化事务特别代表解振华：下一步气候谈判所有问题都要拿出中国方案》，南方都市报3月14日，2017。

[156] 支林飞：《新华时评：中美关系宜乘势而为》，新华社，http：//

news. xinhuanet. com/world/2017 – 03/16/c_ 129511380. html，最后访问时间：2017 年 3 月 15 日，2017。

［157］气候债券组织官网，http：//www. climatebonds. net/2016/12/poland-wins-race-issue-first-green-sovereign-bond-new-era-polish-climate-policy。

［158］王小民：《非政府组织与可持续发展》，《理论月刊》，2008 年第10 期。

［159］《国家自主决定贡献目标伙伴关系》，www. ndcpartnership. org。

［160］王芳：《世界银行副行长：中国的"国家自主贡献"是世界范例》，中国网，http：//news. china. com. cn/world/2015 – 12/10/content_ 37282503. html，最后访问时间：2015 年 12 月 10 日，2015。

［161］中国新闻网，《解振华谈波恩气候大会结果：体现合作共赢 奠定良好基础》，http：//www. chinanews. com/cj/2017/11 – 18/8380001. shtml。

［162］绿色和平官方网站，http：//www. greenpeace. org. cn/site/climate-energy/2016/powerlab/incubator. php。

［163］全球绿色领导力网站，http：//www. chinagoinggreen. org。

［164］搜狐新闻：《联合国气候大会中国企业日边会在波恩举行》，http：//www. sohu. com/a/203605923_ 480207，最后访问时间：2017 年 11 月 10 日，2017。

［165］人民网：《波恩联合国气候会议临近尾声 中国频被"点赞"国际能源署署长法提赫·比罗尔在 2017 年 16 日联合国波恩气候大会上的讲话》，http：//world. people. com. cn/n1/2017/1117/c1002 – 29652779. html，最后访问时间：2017 年 11 月 17 日，2017。

［166］田成川等：《道生太极：中美气候变化战略比较》，人民出版社，2017。

［167］ 朱松丽、高翔：《从哥本哈根到巴黎：国际气候制度的变迁和发展》，清华大学出版社，2017。

［168］ 中国气候传播项目中心：《中国公众气候变化与气候传播认知状况调研报告 2012》，http：//www. weather. com. cn/climate/2017/11/2797701. shtml。

［169］ 中国气候传播项目中心：《中国公众气候变化与气候传播认知状况调研报告 2017》，http：//www. efchina. org/Reports – zh/report – comms – 20171108 – zh。

英文文献

［1］ Adam Shehata, and David Nicolas Hopmann. 2012. "Framing Climate Change." *Journalism Studies* 3 (2).

［2］ Akerlof, K., R. Debono, P. Berry, A. Leiserowitz, C. Roser-Renouf, K. Clarke, A. Rogaeva, M. Nisbet, M. Weathers, and E. Maibach. 2010. "Public Perceptions of Climate Change as a Human Health Risk：Surveys of the United States, Canada and Malta." *International Journal of Environmental Research and Public Health* (7).

［3］ Andorno, R. 2004. "The Precautionary Principle：A New Legal Standard for a Technological Age." *Journal of International Biotechnology Law* (1).

［4］ Balmford A., A. Manica, L. Airey, L. Birkin, A. Oliver, and J. Schleicher. 2004. "Hollywood, Climate Change, and the Public." *Science*305 (1713).

［5］ Becker, M. 2005. "Accepting Global Warming as a Fact." *Nieman Reports*, 59 (4).

［6］ Bernard D. Goldstein. 1999. "The Precautionary Principle and Scientific Research are not Antithetical." *Environmental Health Perspectives* 107 (12).

[7] Boykoff, M. , and Boykoff, J. 2004. "Balance as Bias: Global Warming and the US Prestige Press. " *Global Environmental Change* 14 (2).

[8] Boykoff, M. 2005. "The Disconnect of News Reporting from Scientific Evidence. " *Nieman Reports* 59 (4).

[9] Bulkeley, H. 2000. "Common Knowledge? Public Understanding of Climate Change in Newcastle, Australia. " *Public Understanding of Science* (9).

[10] Campbell, P. 2011. "Understanding the Receivers and the Reception of Science's Uncertain Messages. " *Philosophical Transactions of the Royal Society* (369).

[11] Carpenter, S. C, Walker, B. H. , Anderies, M. , and Abel, N. 2001. "From Metaphor to Measurement: Resilience of What to What?" *Ecosystems* 4.

[12] Carvalho, A. 2005. "Representing the Politics of the Greenhouse Effect. " *Critical Discourse Studies*2 (1).

[13] Charkham, J. 1992. "Corporate Governance: Lessons from Abroad. " *European Business Journal* 4 (2).

[14] Clarkson, M. 1995. "A Stakeholder Framework for Analyzing and Evaluating Corporate Social Performance. " *Academy of Management Review* 20 (1).

[15] Cooney, R. 2003. "The Precautionary Principle in Natural Resource Management and Biodiversity Conservation: Situation Analysis, IUCN" https: //www. pprinciple. net/publications/sa. pdf.

[16] Corbett, J. B. and Durfee, J. L. 2004. "Testing Public (un) Certainty of Science: Media Representations of Global Warming. " *Science Communication* 26 (2).

[17] Covello, V. T. , Slovic P. , and Von Winterfeldt, D. 1986. "Risk

Communication: a review of literature. " *Risk Abstracts* 3 (4) .

[18] Cox, Robert. 2010. *Environmental Communication and the Public Sphere.* London: Sage Publications.

[19] Craig Idso, and S. Fred Singer. 2009. *Climate Change Reconsidered:* 2009 *Report of the Nongovernmental Panel on Climate Change.* Chicago. IL: The Heartland Institute.

[20] David, M. , HughLaFollette, eds. 2003. *Whistleblowing: The Oxford Handbook of Practical Ethics.* New York, Oxford: Oxford University Press.

[21] De Sadeleer, N. 2002. *Environmental Principles.* Oxford University Press.

[22] Douglas, M. , and Wildavsky, A. 1982. *Risk and Culture: An Essay on the Selection of Technological and Environmental Dangers.* Los Angeles : University of California Press.

[23] David Archer, and Stefan Rahmstorf. 2010. *The Climate Crisis, Climate Change so far.* Cambridge University Press.

[24] David Gee, and Sofia Guedes Vaz. 2001. *Late Lessons from Early Warning: the Precautionary Principle* 1896-2000. Copenhagen: European Environment Agency.

[25] Donner, S. 2011. "Making the Climate a Part of the Human World. " *Bulletin of the American Meterological Society.*

[26] Etkin, D. , and E. Ho. 2007. "Climate Change: Perceptions and Discourses of Risk. " *Journal of Risk Research.*

[27] Featherstone, H. , E. Weitkamp, K. Ling, and F. Burnet. 2009. "Defining Issue-Based Publics for Public Engagement: Climate Change as a Case Study. " *Public Understanding of Science.*

[28] Fisher, A. C. , and U. Narain. 2002. "Global Warming, Endogenous Risk and Irreversibility. " *Working Paper, Department of Agricultural*

and Resource Economics, UC Berkeley.

［29］ Frederick W. C. 1988. "Business and Society, Corporate Strategy, Public Policy, Ethics." *McGraw 2 Hill Book Co.*

［30］ Freeman Edward R. 1984. *Strategic management: A stakeholder approach.* Boston: Pitman.

［31］ Freimond, C. 2007. "Global warming reaches the boardroom." *Communication World.*

［32］ Funtowicz, S. O. , and Ravetz, J. R. 1990. *Uncertainty and Quality in Science for Policy.* Dordrecht: Kluwer Academic Publishers.

［33］ Gelbspan, R. 2005. "Disinformation, financial pressures, and misplaced balance." *Nieman Reports* 59 （4）.

［34］ Herriman, J. , A. Atherton, and L. Vecellio. 2011. "The Australian Experience of World Wide Views on Global Warming: The First Global Deliberation Process." *Journal of Public Deliberation* 7 （1）.

［35］ Hulme, M. 2009. *Why We Disagree About Climate Change: Understanding Controversy, Inaction and Opportunity.* Cambridge: Cambridge University Press.

［36］ Kahlor, L. , and S. Rosenthal. 2009. "If We seek, Do We Learn? Predicting Knowledge on Global Warming." *Science Communication* （30）.

［37］ Knight, F. H. （1921）. *Risk, Uncertainty and Profit.* Boston: Houghton Mifflin.

［38］ Koteyko, Nelya, Thelwall, Mike, Nerlich, Brigitte. 2010. "From Carbon Markets to Carbon Morality: Creative Compounds as Framing Devices in Online Discourses on Climate Change Mitigation." *Science Communication* 32 （1）.

［39］ Leiserowitz, A. 2004. "Before and After the Day After Tomorrow. A U. S. Study of Climate Change Risk Perception." *Environment* 46.

［40］ L. Mark Berliner. 2003. " Uncertainty and Climate Change. " *Statistical Science*, 18 (4).

［41］ Lorenzoni, I. , and N. Pidgeon. 2006. "Public Views on Climate Change: European and USA Perspectives. " *Climatic Change* 77.

［42］ Lorenzoni, I. , S. Nicholson-Cole. , and L. Whitmarsh. 2007. "Barriers Perceived to Engaging with Climate Change among the UK Public and Their Policy Implications. " *Global Environmental Change* 17.

［43］ Lowe, T. , K. Brown. , and S. Dessai. 2006. "Does Tomorrow Ever Come? Disaster Narratives and Public Perceptions of Climate Change. " *Public Understanding of Science* 15.

［44］ Marjolein B. A. VAN Asselt, and Ellen VOS. 2006. " The Precautionary Principle and the Uncertainty Paradox. " *Journal of Risk Research* 9 (4).

［45］ Matthew C. Nisbet. 2009. "Communicating Climate Change: Why Frames Matter for Public Engagement. " *Environment: Science and Policy for Sustainable Development* 51 (2).

［46］ Mitchell, A. , and Wood, D. 1997. "Toward a Theory of Stakeholder Identification and Salience: Defining the Principle of Who and What really Counts. " *Academy of Management Review* 22 (4).

［47］ Moser, S. C. , and Dilling, L. 2004. " Making Climate Hot. " *Environment* 46 (10).

［48］ Moyers, B. 2005. " How do we cover penguins and politics of denial. " *Nieman Reports* 59 (4).

［49］ Nisbet, M. 2009. "Communicating Climate Change: Why Frames Matter for Public Engagement. " *Environment* (51).

［50］ Ockwell, D. , L. Whitmarsh, and S. O'Neill. 2009. "Reorienting Climate Change Communication for Effective Mitigation: Forcing

People to be Green or Fostering Grass-Roots Engagement?" *Science Communication* (30).

[51] Ohe, M. , and S. Ikeda. 2005. "Global Warming: Risk Perception and Risk-Mitigation Behaviour in Japan. " *Mitigation and Adaptation Strategies for Global Change* (10).

[52] Olausson, U. 2011. "We're the Ones to Blame: Citizens' Representations of Climate Change and the Role of the Media. " *Environmental Communication* (5).

[53] Ralph B. Alexander. 2009. "Global Warming False Alarm, The fuss about CO2" *Canterbury Publishing.*

[54] Robert Cox. 2006. "Environmental Communication and the Public Sphere. " *SAGE Publications.*

[55] Robert D. Putnam. 1988. "Diplomacy and Domestic Politics: The Logic of Two-level Games. " *International Organization* 42 (3).

[56] Russill, C. 2007. "Truth Claims in Climate Change: An Inconvenient Truth as Philosophy of Communication. " Paper presented at the meeting of the International Communication Association, San Francisco, CA.

[57] Ryghaug, M. , K. Sorensen, and R. Naess . 2011. "Making Sense of Global Warming: Norwegians Appropriating Knowledge of Anthropogenic Climate Change. " *Public Understanding of Science* (20).

[58] Patrick. Michaels, and Robert C. Balling JR. 2008. *Climate of Extremes, Pervasive Bias and Climate Extremism.* Cato Institute.

[59] Sampei, Y. , and M. Aoyagi-Usui . 2009. "Mass-Media Coverage, its Influence on Public Awareness of Climate Change Issues, and Implications for Japan's National Campaign to Reduce Greenhouse Gas Emissions. " *Global environmental change* (19).

［60］ Schweitzer, S. , J. Thompson, T. Teel, and B. Bruyere. 2009. "Strategies for Communication about Climate Change Impacts on Public Lands." *Science Communication* (31) .

［61］ Sundblad, E. , A. Biel, and T. Gärling. 2008. "Knowledge and Confidence in Knowledge about Climate Change among Experts, Journalists, Politicians, and Laypersons." *Environment and Behaviour* (41) .

［62］ Sussane C. Moser. 2010. "Communicating Climate Change: History, Challenges, Process and Future Directions." *Wiley Interdisciplinary Reviews: Climate Change* (1) .

［63］ Tolan, S. and Berzon, A. 2005. "Global Warming: What's Known vs. What's Told." *Nieman Reports* 59 (4) .

［64］ Uggla, Y. 2008. "Strategies to Create Risk Awareness and Legitimacy: The Swedish Climate Campaign." *Journal of Risk Research* (11) .

［65］ Van Asselt & Rotmans, J. 2002. "Uncertainty in Integrated Assessment Modelling: from Positivism to Pluralism." *Climate Change.*

［66］ Von Storch, H. , and Krauss, W. 2005. "Culture contributes to perceptions of climate change." *Nieman Reports* 59 (4) .

［67］ W. E. Walker et al. 2003. "Defining Uncertainty A Conceptual Basis for Uncertainty Management in Model-Based Decision Support." *Integrated Assessment* 4 (1) .

［68］ Wheeler D. , and Maria S. 1998. "Including the Stakeholders: the Business Case." *Long Range Planning* 31 (2) .

［69］ Wolf, J. , and S. Moser. 2011. "Individual Understandings, Perceptions, and Engagement with Climate Change: Insights from In-Depth Studies across the World." *Wiley Interdisciplinary Reviews:*

Climate Change (2).

[70] Zhao, X., A. Leiserowitz, E. Maibach, and C. Roser-Renouf. 2011. "Attention to Science/ Environment News Positively Predicts and Attention to Political News Negatively Predicts Global Warming Risk Perceptions and Policy Support. " *Journal of Communication* (61).

[71] Wang, B. B., Shen, Y. T, Jin, Y. Y. 2017. "Measurement of Public Awareness of Climate Change in China: Based on a National Survey with 4, 025 Samples. " *Chinese Journal of Population Resources and Environment* 15 (4).

[72] Zartman, W. 1994. *International Multilateral Negotiation: Approaches to the Management of Complexity.* San Francisco: Jossey-Bass Publishers.

[73] Young, O. 1991. "Political Leadership and Regime Formation: On the Development of Institutions in International Society. " *International Organization*, (45).

[74] UNFCCC. 2005. "Ad Hoc Working Group on Further Commitments for Annex I Parties under the Kyoto Protocol. " http: //unfccc. int/ bodies/body/6409. phf.

[75] Arker, C. F., and C. Karlsso, and M. Hjerpe, et al. 2012. "Fragmented Climate Change Leadership: Making Sense of the Ambiguous Outcome of COP15. " *Environmental Politics* (3).

[76] Hilton, I., and O. Kerr. 2016. "The Paris Agreement: China's New Normal Role in International Climate Negotiations. " *Climate Policy* (1).

[77] Clemencon, R. 2016. "The Two Sides of The Paris Climate Agreement: Dismal Failure or Historic Breakthrough. " *Journal of Environment & Development* (1).

[78] Sabel, C. F., D. G. Victor. 2015. "Governing Global Problem Under

Uncertainty: Making Bottom-up Climate Policy Work. " *Climate Change* (10).

[79] Andresen, S. 2007. "Key Actors in UN Environmental Governance: Influence, Reform and Leadership. " *Internaitonal Environment Agreements Politics Law Econ* (7).

[80] Dong, L. 2017. "Bound to lead? Rethinking China's Role after Paris in UNFCCC Negotiations. " *Chinese Journal of Population Resources and Environment* (2).

[81] Ahlquist, J. S. , M. Levi. 2011. "Leadership: What it Means, What it does, and What We Want to Know about It. " *Annual Review of Political Science* (14) .

[82] Parker, C. F. , C. Karlsson, and M. Hjerpe. 2015. "Climate Change Leaders and Followers. " *International Relations* (4).

[83] G. John Ikenberry. 2011. "The Future of the Liberal World Order: Internationalism After America. " *Foreign Affairs* 90 (3).

[84] World Bank. 1996. World Bank Participation Sourcebook. Washington D. C. : World Bank.

[85] IPCC, 2014 . "Approved Summary for Policymakers, IPCC Fifth Assessment Synthesis Report. " http: //www. ipcc. ch/pdf/ assessment-report/ar5/syr/SYR_ AR5_ SPMcorr1. pdf.

[86] IPCC, 2014. "Impacts, Adaptation and Vulnerability, The Working Group II Report. " http: //www. ipcc. ch/pdf/assessment-report/ar5/ wg2/ar5_ wgII_ spm_ zh. pdf

[87] Center for Research on Environmental Decisions. 2009. The Psychology of Climate Change Communication: A Guide for Scientists, Journalists, Educators, Political Aides, and the Interested Public. New York: Columbia University.

[88] Milliken, FJ. . 1987. "Three Types of Perceived Uncertainty about the

Environment: State, Effect, and Response Uncertainty. ” *Acedemy of Management Review* 12 (1): 133 – 143.

[89] Schneider, R. O.. 2011. “Climate Change: An Emergency Management Perspective. ” *Disaster Prevention and Management* (20): 53 – 62.

[90] European Spatial Planning: Adapting to Climate Events, 2007. “Climate Change Communication Strategy: a West Sussex Case Study. ” http://www. espace-project. org/part1/publications/reading/ WSCCClimateCommunications% 20Strategy. pdf

[91] Population Media Center. https://www. populationmedia. org/about- us/.

[92] Slovic P. 1997. *Trust, Emotion, Sex, Politics and Science: Surveying the Risk-assessment Battlefield.* San Francisco: The New Lexington Press.

[93] Anthony Leiserowitz, 2007/2008. “International Public Opinion, Reception, and Understanding of Global Climate Change. ” UNDP: Human Development Report.

[94] Wibeck, Victoria. 2014. “Enhancing Learning, Communication and Public Engagement about Climate Change – Some Lessons from Recent Literature. ” *Environmental Education Research* 20 (3): 387 – 411.

[95] The EU's Climate Action Campaign. http://ec. europa. eu/ climateaction/index_ en. htm.

[96] The Swedish Climate Campaign. http://www. naturvardsverket. se/ Nerladdningssida/? fileType = pdf&downloadUrl = /Documents/ publikationer/620 – 8153 – 5. pdf.

[97] Krasner, Stephen. 1983. International Regimes. U. S. : Cornell University Press. The World Bank . 1996. *The World Bank*

Participation Sourcebook. Washington. D. C. : Environmentally Sustainable Development.

［98］ Keskitalo, Carina. 2004. "A Framework for Multi-Level Stakeholder Studies in Response to Global Change." *Local Environment*, 9 (5): 425 - 435.

［99］ Charles F Parker, Christer Karlsson, and Mattias Hjerpe. 2015. "Climate Change Leaders and Followers: Leadership Recognition and Selection in the UNFCCC Negotiations" *International Relations* 29 (4): 434 - 454.

［100］ White House. 2014. "U. S. -China Joint Announcement on Climate Change." https: //www. whitehouse. gov/the-press-office/2014/11/11/us-china-joint-announcement-climate-change.

［101］ White House. 2015. "U. S. -China Joint Presidential Statement on Climate Change." https: //www. whitehouse. gov/the-press-office/2015/09/25/us-china-joint-presidential-statement-climate-change.

［102］ White House. 2016. "U. S. -China Point Presidential Statement on Climate Change [EB/OL]." https: //obamawhitehouse. archives. gov/the-press-office/2016/03/31/us-china-joint-presidential-statement-climate-change.

［103］ White House. 2017. "An America First Energy Plan." https: //www. whitehouse. gov/america-first-energy.

［104］ LYNAS M. 2009. "How Do I Know China Wrecked the Copenhagen Deal? I Was in the Room". Guardian. https: //www. theguardian. com/environment/2009/dec/22/copenhagen-climate-change-mark-lynas。

［105］ Loughran, J. 2016. "China Could Become the New Flag-bearer in the Fight against Global Warming Following the Election of Climate Change Sceptic Donald Trump in the US Presidential Elections."

https：//eandt. theiet. org/content/articles/2016/11/china-touted-as-next-global-climate-change-leader-after-trump-victory/.

[105] Rossa, and K. , R. P. Song. 2017. "China Making Progress on Climate Goals Faster than Expected [EB/OL]. " World Resources Institute. http：//www. wri. org/blog/2017/03/china-making-progress-climate-goals-faster-expected.

[106] Anthony Leiserowitz, and Edward Maibach, etc. "Climate Change in the American Mind：November 2016, Yale Program on Climate Change Communication. " http：//climatecommunication. yale. edu/publications/climate-change-in-the-american-mind-november – 2016/3/.

[107] Kal Raustiala, David G. and Victor . 2004. "Regime Complex for Plant Genetic Resources" *International Organization* 58 (2).

[108] UNFCCC, 2017, "New Surveys Show a Majority of Americans and Chinese Support the Paris Agreement and the Transition to a Low Carbon Future ", https：//cop23. unfccc. int/sites/default/files/resource/Press% 20Release. pdf.

[109] UNFCCC, 2017, "A Majority of the Public in the US and China Support the Paris Agreement and the Transition to Clean Energy, New Survey Findings Show", https：//cop23. unfccc. int/sites/default/files/resource/Key% 20Findings% 20 – % 20The% 20Climate% 20Change% 20in% 20the% 20Chinese% 20and% 20American% 20Mind% 202017. pdf.

[110] UNFCCC. 2017. "China4C' s 2017 National Public Opinion Survey Report Climate Change in the Chinese Mind Released at COP23 ", https：//cop23. unfccc. int/sites/default/files/resource/Press% 20Release% 20 – % 202. pdf.

后　记

一

2016 年 8 月底，作为国际非政府组织乐施会在国内的气候变化工作负责人，我陪同由中国气候变化事务特别代表解振华主任带队的中国政府代表团考察乐施会越南项目点。此行的目的是中国政府希望通过乐施会遍布发展中国家的网络来了解这些国家广大民众的实际需求，以便更好地设计国家南南气候合作基金（共计 200 亿元人民币）的用途。

越南是世界上五个受气候变化影响最大的国家之一。气候变暖和海平面上升导致洪水泛滥、海水倒灌，给越南经济社会发展和人民生活造成重大损失。气候变化带来的影响在人口密集的红河三角洲和湄公河三角洲表现得非常明显，主要包括极端的洪涝灾害、反季节的温度变化、海平面上升、海潮倒灌、热带风暴等。这些气候变化导致的极端天气/气候事件严重影响了当地村民的生活和生计，农业用地和干净水源都在缩小，沿海地区受到侵蚀，生态系统退化。

我们一行驱车三小时到达受气候变化影响的第一线南定省 Giao Xuan 公社。Giao Xuan 公社所辖的 3 公里红树林由于潮水倒灌和人为破坏，分布面积逐年减少。当地村民在捕鱼和耕种的过程中缺少保护意识，政府强令禁止，反而恶化了政群关系。为了解决这个问题，政府、社区、非政府组织在多方协议和自愿的基础上通过成立联合管理小组的方式与当地村民签订保护协议，共同管理自然资源并寻求生计发展。

同时，由于海水倒灌，原来种植水稻的良田变成了水塘，村民的生计受到严重影响。在社区项目的设计过程中，项目人员充分咨询村民实际需求，为村民提供了改种植为养殖的替代生计选择，并发展当地生态旅游，开设有机生活咖啡馆，使村民的生活水平得到改善。

考察结束后，解主任与村民们围坐一起交流他的观察感受。

"你们的经验让我看到减缓和提高适应能力要和脱贫、发展经济、保护当地生态环境很好地结合起来，在生态得到保护的同时，改善村民的生计，只有这样才能可持续。"

解主任还强调："这个项目有各级政府部门、国际组织、本土机构、公司和村民一起参与，是非常好的模式。"

吃饭的时候，解主任转头问我："你为什么一直推进多方合作？"

我想当然地回答："这是我的工作啊。"

解主任看着我说："应对气候变化不只是一份工作，它是一份事业。"

此行之后我不断追问自己，过去八年在这个领域收获了那么多的成长、信任和支持，既然是一份事业，我还可以做些什么？

二

我和气候变化结缘于 2009 年。

2009 年 12 月 7 日，《联合国气候变化框架公约》第 15 次缔约方会议暨《京都议定书》第 5 次缔约方会议在丹麦首都哥本哈根举行，这是有史以来规模最大的国际谈判，是全球气候治理的里程碑式事件，我全程参与了这一历史时刻：见证了中国政府为达成有效协议所做的种种努力；见证了中国媒体的努力与无助；见证了各种国家政府间和非政府组织的全球网络及影响力。但是八年前的哥本哈根，他们之间基本没有对话。

一线的观察触动我开始反思哥本哈根谈判中的关键三方——政府、媒体和非政府组织的角色定位及工作策略，希望在共同应对气候变化的目标下找到一条合作共赢的路径。在跟进后续谈判的过程中，参与式观察三者的角色和策略成为我的研究兴趣。

联合国气候大会每年举办一次，除了谈判，还有形式多样的边会，是高效学习和分享的好机会。我把收集到的国际气候治理经验带回国内，和团队一起设计低碳适应与扶贫综合试点来验证国际经验，再总结国内探索实践，尤其是将基于国际经验不适用之处进行的改良和创新，带回国际平台与同行研讨，贡献于国际方案的改良。通过这个过程，国际同行可以更了解中国的实际情况，本土经验的价值被重视，越来越多的同行意识到，国际经验不是放之四海而皆准的"灵丹妙药"。

正是在双向交流和亲身参与的过程中，我对气候变化议题的跨学科和跨国界特点、国际国内双层次博弈互动、多元参与治理的重要性有了切身体会，也在实践中努力推动多元合作。过程中，我看到政府、媒体和非政府组织在坚持公约原则的基础上，从陌路成为盟友，开展对话与合作，共同应对气候变化。

2015 年底的联合国巴黎气候大会是全球气候治理的又一个里程碑，达成了具有历史意义的《巴黎协定》。中国用了六年时间，从追随者成为引领者。

巴黎归来，我受邀作为发言人参加国务院新闻办举办的"巴黎归来话气变"中外媒体见面会。同时作为发言人参加这次会议的还有国家气候变化事务特别代表解振华主任、时任国家发改委应对气候变化司苏伟司长、时任国家应对气候变化国际合作与战略研究中心副主任邹骥教授、时任镇江市市长朱晓明女士、亿利集团董事长王文彪先生。

这是一场内容丰富的高级别发布会，到场中外媒体四十余家，现场交流声音多元、话题开放。

从治理的角度，这是中国参与全球气候治理以来第一次在国家级新闻发布平台向世界展示中国多元参与、包容开放的气候治理大格局。

如果把这个片段放在历史长河中，这应该是中国历史上第一次有多元利益相关方，尤其是非政府组织代表参加的国家级新闻发布会。

无论是话语权、影响力还是多元治理的合作模式，从个人经历中，我真切感受到中国在这六年间从无到有，从弱到强的转变。

三

2017 年，习近平同志在十九大报告中提到加强和创新社会治理，要求加强社区治理体系建设，推动社会治理重心向基层下移，发挥社会组织作用，构建共建、共治、共享新格局。

我意识到，气候治理领域发挥了社会共治试验田的作用。过去几年我有幸经历和见证的，正是一个国家的日新月异。

回想在越南和解主任的谈话，我觉得，我应该和更多人分享我的经历，分享我的研究，让更多人对这份事业感兴趣、有信心。

在博士论文的基础上，我建构起一个"双层多维"的研究空间，以经历或参与过的实践作为案例，分析和呈现"从无到有、从弱到强"的转变背后中国各方一起走过的气候治理之路。在我看来，中国参与全球气候治理的进程，是中国在国际、国内双层次成功探索社会治理的创新路径，是社会共治理念的最佳例证。

我的研究得到了国家自然基金委应急管理项目"美国退出《巴黎协定》对全球气候治理的影响及我国的应对策略"的专项资助。这个项目要求评估美国退约对各方的影响，本书的研究有两点主要发现。

其一，美国退约，人民还在！

其二，虽然自上而下的治理模式正在经历变革阵痛，自下而上的创新动能已经蓬勃而出。

只要继续坚持社会共治理念，鼓励多元参与实践，全球气候治理的火炬不会熄灭。

四

这本书记录了这个国家参与全球治理的一段光辉岁月，是这个国家改革开放四十年来参与国际事务的一个传奇。我作为个体参与其中，有幸得到各位师长和同仁的信任与支持。过去八年，气候治理的同仁"在一个战壕里"共建"朋友圈"，虽然来自不同的单位，不同的背景，但在气候治理的路上，大家的劲儿往一处使，每次想起，都感到温暖。

在此，我要特别感谢解振华主任，在共同应对气候变化的日子里，解主任凭借自己宽厚的人格魅力和强大的精神力量，将各利益相关方凝聚起来，在气候治理的路上一起冲锋陷阵。相信每一位经历者都会记住这段跌宕起伏的闪光日子。在我个人成长的路上，有幸多次得到解主任的鼓励和提点，在交流中感受他的高瞻远瞩和战略魄力，如沐春风的同时也让前行更有力量。

特别感谢杜祥琬院士和郑保卫教授为本书作序。两位老先生都已年过古稀，仍不辞辛苦地与我们一起征战联合国气候谈判，传播气候变化的科学知识，为气候治理鼓与呼。《中国日报》欧洲站副站长付敬曾经写过一篇文章，评价两位先生是在践行"绿色晚年"，这个评价精准地表达了我们对两位前辈的钦佩。

杜院士一直强调，气候变化科学需要更好和更广范围地传播，需要"多费口舌"，杜院士在序言中践行这一点，分析了气候变化的科学认知、全球气候治理的重要性、中国在全球气候治理中的角色及全球气候治理的新秩序。相信所有认真读了这篇序言的人都会对这几个问题有了新的认识。

郑保卫老师是我的博士生导师。2009 年哥本哈根归来，我和郑老师交流对谈判效果的分析，在观点上有很多共鸣。由此，我们开始并肩推动气候传播的研究与实践。郑老师在序言里系统回顾了我们发起的中国气候传播项目中心自 2010 年成立以来在国际、国内两个方向开展的五大类工作，这些工作得到了多方的支持，很多内容具有开创意义。气候传播是气候治理的策略工作，虽然公众对气候变化有较高的认知，但在采取切实行动上还存在瓶颈。这个问题也是研究气候传播的国际同行普遍面临的，需要摸索解决方案。如果在读完郑老师的序言、了解了我们的工作后，您对用创新方法突破认知和行动的差距有想法，请一定联系我们。

还要感谢北京大学国际关系学院的领导、老师和同事们，谢谢学院为我提供的研究环境和丰富的精神滋养。张海滨教授是我的合作导师，他在全球环境和气候治理领域深耕二十多年，是国内这个领域的开创者之一。更为难得的是，张老师始终保持着对这个领域的学术热情和人文关怀，从这个角度来看，我们都因热爱而执着。本书第七章是在站期间在张老师指导下发表的文章，就"自下而上"模式转型的定位问题，张老师曾和我多次讨论，反复推敲。张老师治学严谨，倒逼我对自己的研究要有更高的要求。

本书的出版得到王婧怡编辑和她所在的社科文献出版社的专业支持，这是一次愉快而默契的出版经历，在此表示感谢。

八年间，有太多值得记住和感谢的同路人。希望有机会赠书为敬，一起回顾来时路，碰出新灵感。

本书也是我承担的中国博士后科学基金面上项目"全球气候治理变局分析及中国气候传播应对策略"（项目号：2017M610674）的结项成果。

从2009年到今天，我们在气候治理议题上实践了一条双层次社会共治的创新之路。希望本书让更多人看清这条中国路径，看见希望，看见信念，看见可能。

2018年3月25日

戊戌年二月初十

于燕园

图书在版编目（CIP）数据

中国路径：双层博弈视角下的气候传播与治理 / 王

彬彬著 . -- 北京：社会科学文献出版社，2018.4（2019.11 重印）

　　ISBN 978 - 7 - 5201 - 2497 - 3

　　Ⅰ. ①中⋯　　Ⅱ. ①王⋯　　Ⅲ. ①气候学 - 传播学 - 研究

- 中国②气候变化 - 治理 - 研究 - 中国　　Ⅳ. ①P46 - 05

②P467

　　中国版本图书馆 CIP 数据核字（2018）第 059727 号

中国路径：双层博弈视角下的气候传播与治理

著　　者 / 王彬彬

出 版 人 / 谢寿光
项目统筹 / 王婧怡
责任编辑 / 王婧怡

出　　版 / 社会科学文献出版社 · 经济与管理分社（010）59367226
　　　　　　地址：北京市北三环中路甲 29 号院华龙大厦　邮编：100029
　　　　　　网址：www. ssap. com. cn
发　　行 / 市场营销中心（010）59367081　59367083
印　　装 / 三河市尚艺印装有限公司

规　　格 / 开　本：787mm × 1092mm　1/16
　　　　　　印　张：13.25　字　数：188 千字
版　　次 / 2018 年 4 月第 1 版　2019 年 11 月第 2 次印刷
书　　号 / ISBN 978 - 7 - 5201 - 2497 - 3
定　　价 / 59.00 元

本书如有印装质量问题，请与读者服务中心（010 - 59367028）联系